DER GLIMMSCHUTZ

ERFAHRUNGEN UND VERSUCHE
MIT EINEM NEUEN
ÜBERSPANNUNGSSCHUTZ

VON

DR.-ING. GEORG I. MEYER

SPRINGER FACHMEDIEN WIESBADEN GMBH

1923

ISBN 978-3-663-15585-0 ISBN 978-3-663-16158-5 (eBook)
DOI 10.1007/978-3-663-16158-5

Einleitung.

Bei dem Entwurf der in dieser Abhandlung beschriebenen Überspannungsschutzvorrichtung der Dr. Paul Meyer A.-G. ging man von der Absicht aus, die Energie der Wellen ganz oder teilweise in chemische zu verwandeln, um durch diesen nicht umkehrbaren Vorgang das Netz davon zu befreien. In Anlehnung an die bekannte Erscheinung des Elmsfeuers und die beobachteten Strahlungen metallischer Spitzen (Eispickel der Bergsteiger) bei Ausbildung starker elektrischer Felder in der Atmosphäre sollte auch in den Hochspannungsanlagen ein mehr oder weniger allmählicher Ausgleich geschaffen werden.

In dieser Allgemeinheit war die Aufgabe nicht mehr neu, denn in Amerika waren die ersten 100000 Volt-Leitungen bereits in Betrieb, und die dortigen Zeitungen berichteten öfters über die dämpfende Wirkung der Koronaerscheinungen, die bei so hohen Spannungen einträten. Dadurch dürfte der schwedische Erfinder Centerwall angeregt worden sein, der 1911 eine Anordnung patentieren ließ (schwed. Patent 34102), bei der mit den Freileitungen Strahlungskörper verbunden sein sollten, indem scharfkantige Profile benutzt oder dünne Leiter parallel zu den Hauptleitungen ausgespannt wurden. Eine echte Kriegserscheinung ist die Verwendung von Stacheldraht als Leitung (Nagel 1916, DRP 307891); diese Anordnung wurde auch von einem großen Kabelwerk aufgenommen und ausgeführt.

Beide Erfindungen sind in Deutschland erprobt und wegen ungenügender Wirkung wieder verlassen worden. Da der Abstand der Leitung, die die eine Elektrode bildet, von der Erde sehr groß ist, so müßte eine ungewöhnlich hohe Spannung auftreten, wenn es zu Glimmerscheinungen kommen sollte, und die Spitzen der Wellenerscheinungen erreichen derartige Werte im allgemeinen nicht. Solche Anordnungen, die Sonderausführungen in Längen von mehreren, bisweilen zahlreichen Kilometern erfordern, sind nicht nur teuer, sondern bringen infolge der vergrößerten Schneelasten und Vereisungsgefahr eine Unsicherheit in die Anlage.

Demgegenüber verfolgte der Entwurf des Glimmschutzes den Gedanken, die Wirkung an einzelnen Stellen, in Schaltstationen, also geschlossenen Räumen, zu vereinigen und durch Annäherung der Elektroden zu steigern, so daß schon bei geringer Erhöhung der Spannung eine Glimmentladung eintreten sollte. Damit aber hierbei nicht infolge der Ionisierung der Luft ein Überschlag zwischen den Elektroden einträte, sollten durchschlagfeste, isolierende Zwischenlagen eingefügt werden (DRP 291324 v. 7. November 1914 — vgl. Abb. 1).

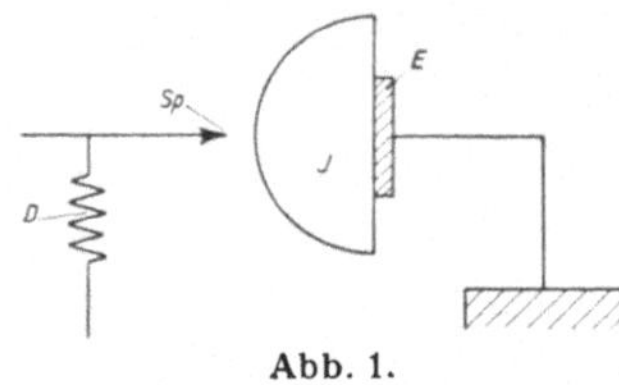

Abb. 1.

Solche festen Isolierkörper haben immer eine höhere Dielektrizitätskonstante als die Luft, und es wurde bereits beim ersten Patent darauf Wert gelegt, daß diese Konstante von 1 möglichst verschieden wäre, um eine ungleiche Verteilung des Potentialgefälles und erhöhte Beanspruchung der Luft an den Spitzen der Elektroden hervorzurufen.

Wenn auch die wesentlichen Gesichtspunkte bereits damals herausgearbeitet waren, so zeigte sich doch, daß von der Patentanmeldung zur Einführung in die Praxis ein weiter Weg war, und daß jahrelange Arbeit, unterbrochen durch dringendere Kriegsaufgaben, erforderlich wurde. Die Festlegung der Konstruktion und Bemessung, die Auswahl und Erprobung des als Trennwand zu verwendenden Glases, die Versuche im Prüffeld der Dr. Paul Meyer A.-G. zogen sich wider Erwarten in die Länge, und als alle diese Vorbereitungen erledigt waren, galt es, die Bedenken der Betriebsingenieure zu überwinden, die in der eigenartigen Konstruktion allerlei Gefährdungen ihrer Anlagen witterten — was ihnen nicht zu verdenken war.

Der Betriebsverwaltung Essen des Rheinisch-Westfälischen Elektrizitätswerkes gebührt daher besonderer Dank, daß sie sich Ende 1920 zu einem Versuch in der Praxis entschloß und nacheinander drei Schütze in den Serien III, IV und V der Richtlinien für Hochspannungsapparate in Stationen für 5000, 10000 und 25000 Volt einbaute. Als hier die Betriebssicherheit und Unschädlichkeit des neuen Schutzes erprobt und seine Wirkung bis zu einem erheblichen Maße bewiesen war, ergab sich die Möglichkeit des Einbaues in anderen Netzen, indem noch während längerer Zeit Apparate probeweise und unter erleichternden Bedingungen geliefert und beobachtet wurden. Die Ergebnisse waren ausnahmslos günstig, sie sind im Folgenden im Anschluß an Betrachtungen über die Wirkungsweise und die angestellten Versuche, an Mitteilungen über Aufbau und Einbau eingehend behandelt.

I. Die Wirkungsweise des G-Schutzes.

Wie sich aus dem Vorstehenden ergibt, besitzt der Apparat zwei mit scharfen Spitzen oder Kanten versehene Elektroden und ein zwischen ihnen befindliches isolierendes Polster, das zum Teil aus Luft, zum Teil aus einem festen Isolierkörper hoher Dielektrizitätskonstante besteht. Für diesen wird ein in umfangreichen Versuchen erprobtes, hochwertiges Glas verwendet, das von einer der ersten Hütten bezogen und in jedem einzelnen Falle durch scharfe elektrische Beanspruchung gründlich geprüft wird. Das Material ist gegen Temperaturänderungen recht unempfindlich und besitzt eine Dielektrizitätskonstante von der Größenordnung 7. Durch mechanische Untersuchung (Abklopfen, Beobachten des Klanges) und Besichtigung hinsichtlich Schlieren, Blasen usw. werden alle fehlerhaften Stücke ausgeschieden, sodann jede einzelne Glasglocke elektrisch mit längerem Prasselfeuer (s. u.) geprüft.

Für die Elektroden wurde nach manchen wieder aufgegebenen Entwürfen die Form von Rechen aus scharfkantig gestanzten Blechstreifen gewählt. Das Material an sich ist nebensächlich; verwendet wird Eisen. Die einzelnen Bleche sind durch Zwischenlagen getrennt und in Paketform zusammengefaßt. Die Grundfläche jedes derartigen Paketes ist etwa quadratisch.

Eine wesentliche Verbesserung und Erhöhung der Empfindlichkeit ist dadurch erzielt worden, daß die Richtung der Bleche in den beiden sich gegenüberstehenden Elektroden um 90^0 versetzt ist. Es entstehen Strahlungen, wie sie in Abb. 2 schematisch dargestellt sind, wobei je drei Bleche gezeichnet sind und der Deutlichkeit halber die Glasglocke fortgelassen ist. Die Strahlen treten als ebene Bündel aus den Blechen aus, ziehen sich in der Mitte, wo sie die Glasglocke durchsetzen, zu einer engen Röhre zusammen und drehen sich dort um 90^0, um wieder als ebene Strahlenbündel in die Bleche der anderen Elektrode einzumünden.

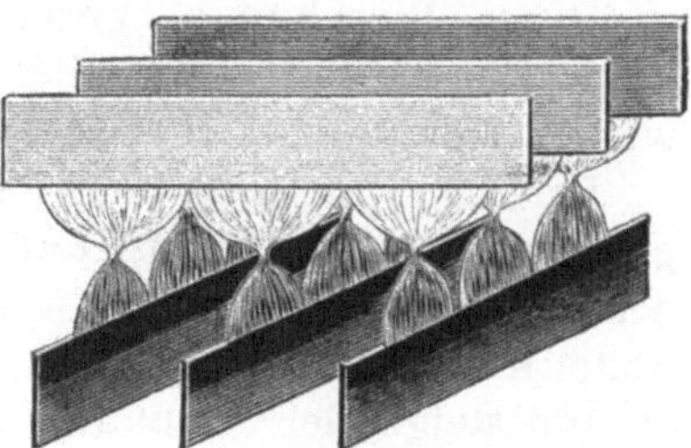

Abb. 2.

Eine Aufnahme einer solchen Strahlungsfigur ist in Abb. 3 gezeigt, wobei, um die Form deutlich zu machen, nur je ein Blech für jede Elektrode benutzt worden ist.

Man erhält durch diese Anordnung der Elektroden praktisch dieselbe Wirkung, als ob man jede von ihnen aus einem Netz von Nadelspitzen zusammensetzte, wobei letztere an den Stellen der Kreuzung der Blechebenen liegen würden.

Abb. 3.

Unter Vernachlässigung dieser feineren Verteilung der Verschiebungslinien ist ein Schema des Apparates in Abb. 4 dargestellt.

Die linke Figur *a* zeigt die beiden Elektroden mit der Glasglocke, die an der unteren Elektrode anliegt, jedoch ebensogut irgendwo im Felde zwischen den beiden Elektroden stehen kann. Der Deutlichkeit halber sind die Elektroden hier als gleich-

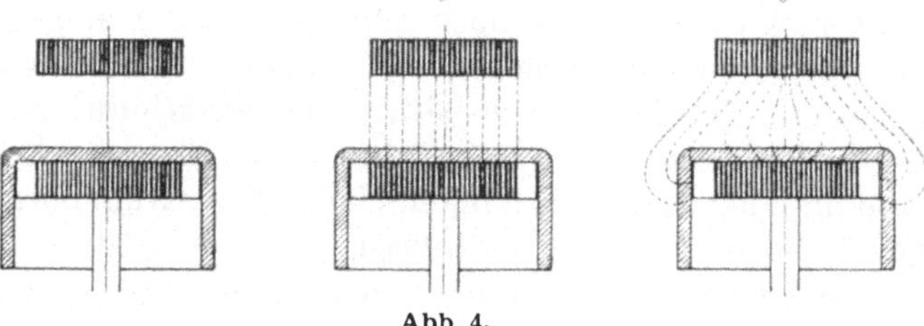

Abb. 4.

gerichtete Blechbündel gezeichnet, da für die folgenden Ausführungen die Verdrehung der Strahlungsebene nicht berücksichtigt werden soll.

Bei Überschreitung einer gewissen Spannung, die als **Glimmgrenze** zu bezeichnen ist und von den Abmessungen der Elektroden, ihrer Entfernung und der Dicke sowie der Dielektrizitätskonstante der Glasglocke abhängt, tritt eine Strahlung im Luftraum auf, die mit steigender Spannung das ganze Luftpolster erfüllt und leitend macht. Es ergeben sich im wesentlichen parallele Verschiebungslinien, wie in Figur *b* dargestellt, die das Glas durchsetzen.

Wird die Spannung weiter gesteigert, so bauchen sich die Linien seitlich aus (rechte Figur *c*) und verlaufen zum Teil an der Seitenfläche der Glasglocke, wo sie in kreisförmige Haltebleche münden, die zur Befestigung der Glocke dienen. Bei noch weiterer Steigerung der Spannung überzieht sich die ganze Glocke mit leuchtenden Fäden.

Besonders wichtig für die Beurteilung der Wirkungsweise ist der Grenzfall der Überschreitung der Glimmgrenze, d. h. der Spannung, unterhalb welcher ein Glimmen nicht auftritt und oberhalb welcher eine vollständige Leitfähigkeit des Luftpolsters vorhanden ist. Tatsächlich ist diese Grenze kein scharfer Punkt der Spannung, sondern eine gewisse Zone, da sich zunächst kleine Büschel am höchst beanspruchten Punkte bilden, die mit geringer Steigerung der Spannung sich rasch ausbreiten, bis schließlich die ganze Fläche zwischen den Elektroden, unter Ausschluß der Glasglocke, von einer leuchtenden Masse erfüllt ist. Zur Vereinfachung der Rechnung soll jedoch zunächst von einer scharfen Glimmgrenze gesprochen werden.

Abb. 4 zeigt, daß es sich um eine Art Kondensator handelt, der unterhalb der Glimmgrenze ein zusammengesetztes Dielektrikum aus Luft und Glas und oberhalb der Glimmgrenze ein solches aus Glas allein besitzt. Unter Annahme geradlinig paralleler Verschiebungslinien kann man die Kapazität des in Abb. 5 dargestellten Kondensators berechnen. Die Fläche sei mit F (in qcm) bezeichnet, die in der Abb. 5 eingeschriebenen Abstände seien in cm gemessen, als Dielektrizitätskonstante des Glases sei $\varepsilon_1 = 7$ eingesetzt. Die Dielektrizitätskonstante der Luft ist bekanntlich $\varepsilon_2 = 1$.

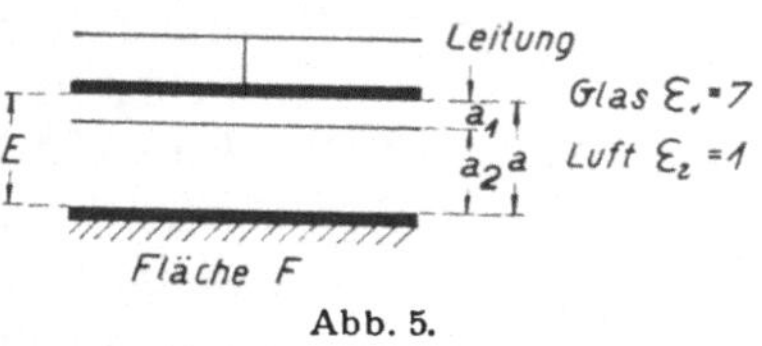

Abb. 5.

Nach bekannten Formeln ergibt sich dann die Kapazität unterhalb der Glimmgrenze, also unter Berücksichtigung des dielektrischen Widerstandes der Luft:

$$C_u = \frac{1}{\frac{a_1}{\varepsilon_1} + \frac{a_2}{\varepsilon_2}} \cdot F \cdot 0{,}9 \cdot 10^{-13} \text{ Farad}$$

und die Kapazität oberhalb der Glimmgrenze, bei der das Luftpolster als leitend angesehen ist ($\varepsilon_2 = \infty$), wie folgt:

$$C_0 = \frac{\varepsilon_1}{a_1} \cdot F \cdot 0{,}9 \cdot 10^{-13} \text{ Farad.}$$

Ein Vergleich dieser beiden Kapazitätswerte ergibt die Zunahme der Kapazität bei Überschreitung der Glimmgrenze:

$$C_u : C_0 = 1 : \left(1 + \frac{a_2}{a_1}\frac{\varepsilon_1}{\varepsilon_2}\right) = 1 : \left(1 + 7\frac{a_2}{a_1}\right). \qquad \text{(I)}$$

Zur Beurteilung der Größenordnung dieser Zunahme der Kapazität sei ein Fall durchgerechnet, der bei den praktischen Versuchen in einem großen Netz (Staatliches Elektrizitätsamt Cassel) Verwendung fand. Es handelt sich um einen Schutz Serie IV, der auf 11 mm eingestellt war. Die Glasglocke hatte eine Stärke von 3,5 mm, so daß für das Luftpolster 7,5 mm übrig blieben. Die Zunahme der Kapazität betrug nach obiger Formel 1 : 16.

Aus diesem einen Beispiel, das durchaus keinen übertriebenen Fall darstellt, ersieht man, daß die Kapazität bei Überschreitung der Glimmgrenze oder — wenn man genauer sprechen will — der Grenzzone sich in einem sehr starken Verhältnis und sehr schnell ändert.

In Abb. 6 ist dies graphisch dargestellt, indem als Abszissen die Zeiten aufgetragen sind und, um eine vereinfachte Annahme zu schaffen, ein geradliniges Ansteigen der Spannung nach der dünnen Linie OE zugrunde gelegt ist. Unterhalb der Glimmgrenze ist die Kapazität, die als starke Linie dargestellt ist, eine Konstante. Innerhalb der kritischen Zone steigt sie dann sehr schnell auf ein Vielfaches an; darauf biegt die Linie mit einem Knie nach rechts um, um allmählich einer Asymptote zuzustreben. Dieser Ast der Kurve ist dadurch bedingt, daß die Kapazität durch die Ausbiegung der Verschiebungslinien nach Figur c in Abb. 4 sich allmählich, aber nicht mehr sehr stark vergrößert.

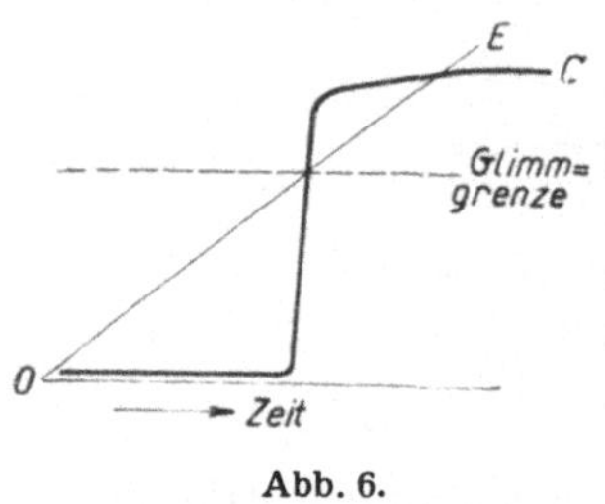

Abb. 6.

Es ist der Fall eines veränderlichen Kondensators, dessen Kennlinie eine gewisse Ähnlichkeit mit der Widerstandslinie des Eisens als Funktion der Stromstärke besitzt.

Bei jedem Kondensator ist die Ladung der Elektroden gleich dem Produkt aus Kapazität mal Spannung:

$$Q = CE,$$

und der Verschiebungsstrom ist die zeitliche Veränderung dieser Ladung:

$$i = \frac{dQ}{dt} = \frac{d(CE)}{dt}.$$

Anders als bei den gewöhnlichen Kondensatoren ist hier aber auch die Kapazität eine unmittelbar von der Spannung und mittelbar deshalb von der Zeit abhängige Größe, so daß der Differentialquotient in zwei Glieder zerfällt:

$$i = C\frac{dE}{dt} + E\frac{dC}{dt}. \tag{II}$$

Diese Grundformel zeigt, daß der den Apparat durchsetzende Strom in einen reinen Verschiebungsstrom entsprechend der Veränderung der Spannung und in einen Leistungsstrom (Wattstrom) entsprechend der Veränderung der Kapazität zerfällt. Da nun mit einer kleinen Änderung der Spannung bei Überschreitung der Glimmgrenze die Kapazität sich sehr schnell ändert, so wird dieses letztere Glied bei höheren Spannungen einen sehr großen Einfluß ausüben und das erstere, den reinen Verschiebungsstrom, erheblich überragen. Wie erwähnt, ist dabei die Veränderung der Kapazität zunächst von der Spannung und erst durch diese von der Zeit abhängig. Wenn sich die Spannung langsam ändert, springt die Kapazität ruckweise; ändert sich die Spannung schneller, so erfolgt die Änderung der Kapazität erst recht plötzlich.

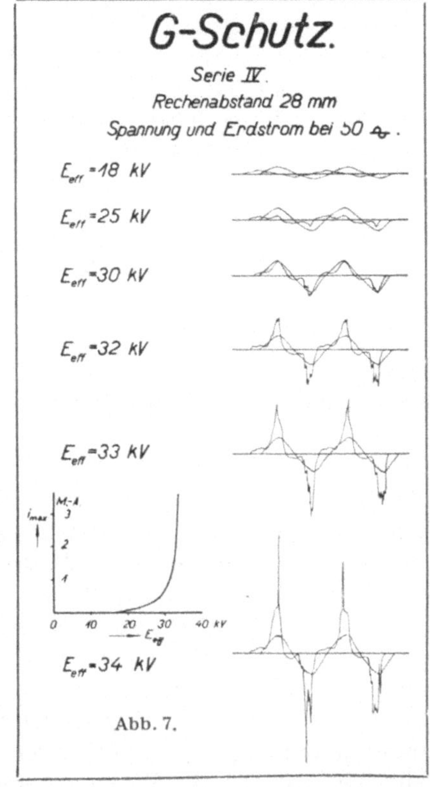

Abb. 7.

Wird die Glimmgrenze im obersten flachen Teil der Spannungskurve, die als Sinuskurve angenommen werden möge, überschritten, so verändert sich die Spannung ganz allmählich; erfolgt dagegen die Durchschreitung der Glimmgrenze weit von dem Maximum der Spannung, so ist die Änderung der Kapazität entsprechend dem schnellen Ansteigen der Spannung ebenfalls wesentlich rascher. Je höher die Spannung also über die Glimmgrenze steigt, um so intensiver wird die Geschwindigkeit des Spannungsanstieges, und noch viel mehr die des Kapazitätsanstieges, um so größer auch der Wattstrom, der von dem Apparat aufgenommen wird.

Abb. 7 zeigt dies an einer Reihe oszillographischer Aufnahmen bei verschiedenen Spannungen. Der Schutz war so eingestellt, daß die Glimmgrenze über 18 kV und unter 25 kV lag. Das erste Oszillogramm bei 18 kV zeigt dementsprechend eine rein sinusförmige Kurve, die gegen die ebenfalls sinusförmige Spannungskurve um 90^0 verschoben, also rein wattlos ist. Bei 25 kV ist die Stromkurve deutlich verzerrt und enthält außer der um 90^0 verschobenen, wattlosen Kurve einen mit dem Maximum der Spannung zeitlich zusammenfallenden Zacken, der ein Wattstrom ist. Bei 30 kV erhöht sich dieser erheblich, bei 32, 33 und 34 kV steigt er weiter und immer schneller an. In der Kurve links unten sind die Maximalwerte dieses wattlosen Stromzackens als Funktion der effektiven Spannung aufgetragen; man sieht den außerordentlich raschen Anstieg des Stromes, der den vorher angestellten Überlegungen durchaus entspricht. Weitere Versuche, die in einem großen laufenden Netz unternommen worden sind, werden später ausführlich beschrieben. Auch sie zeigen dieselbe Eigentümlichkeit der starken Entwicklung von Wattstrom.

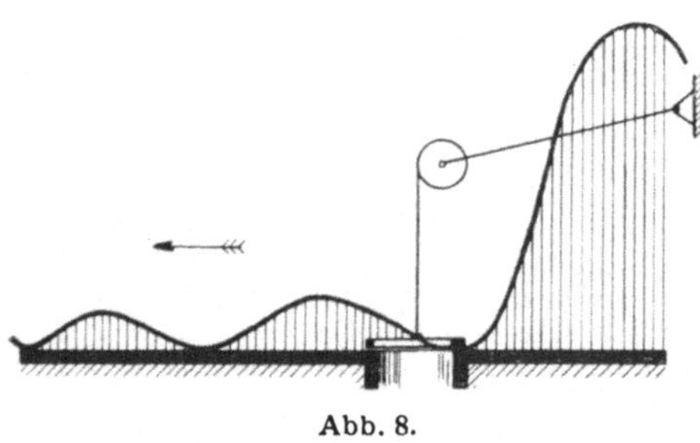

Abb. 8.

Um auch begrifflich eine Darstellung der Zerlegung des Stromes in zwei Teile, von denen der eine von der Spannung, der andere von der Kapazität abhängt, zu geben, ist in Abb. 8 ein hydraulisches Analogon dargestellt.

In einem wagerechten Kanal befindet sich ein Ventil, das in der Höhenrichtung beweglich ist, aber in der tiefsten Stellung noch einen engen Auslaß für die Flüssigkeit bietet. Solange die Wellen die kritische Grenze nicht überschritten haben, bei der sie das Ventil anheben, ist die Ausflußmenge nur abhängig von der Höhe der Wellen. Wird dagegen die kritische Wellenhöhe überschritten, so hebt sich das Ventil und vergrößert die Ausflußöffnung, so daß zu dem Einfluß der Wellenhöhe noch der zweite zusätzliche Einfluß der vergrößerten Öffnung hinzutritt. Das Beispiel ist, wie die meisten derartigen Übertragungen, nicht ganz zutreffend, insofern als die abfließende Wassermenge hier nicht von der zeitlichen Änderung der Wellenhöhe und der Ausflußöffnung, sondern von diesen Grundwerten selbst abhängig gemacht ist. Immerhin gibt es ein Bild, das die verstärkte Wirkung erläutert.

Die vorstehenden Ausführungen bezogen sich auf diejenigen Ströme, die durch den Schutz hindurchgehen und — falls, wie es allgemein ausgeführt wird, die eine Elektrode geerdet wird — durch die Erdleitung abfließen. Ferner wird aber noch eine Energie vernichtet, die dem ursprünglichen Entwicklungsgedanken des Apparates entspricht, indem durch die Strahlungen Veränderungen der

Luft stattfinden und chemische Energie aus ihnen frei wird. Diese Energiemenge äußert sich ebenfalls in einem aus dem Netz entnommenen Strom, der aber nicht durch die Glasglocke zur Erde abfließt, sondern sich im Raum verteilt. Der Betrag ist nach den vorliegenden Versuchen nicht sehr groß, spielt aber immerhin eine Rolle und bewirkt, daß der auf der Hochspannungsseite zufließende Strom etwas größer ist als der zur Erde durch die Erdleitung abfließende.

Abb. 9.

Einige Bilder sollen die Lichterscheinungen darstellen, die bei dem Apparat auftreten:

Abb. 9 zeigt das Glimmlicht zwischen den Elektroden bei Überschreitung der Glimmgrenze und dauernd angelegter erhöhter Spannung.

Abb. 10 gibt einen Funken wieder, der beim Auftreffen einer

Abb. 10.

Abb. 11.

einzigen Welle von der oberen Elektrode zum Glas und durch dieses zur unteren Elektrode geht.

Abb. 11 zeigt die Erscheinungen bei dauernd angelegter Spannung, die die Glimmgrenze erheblich überschreitet. Die Funken sind nicht mehr rötlich violett wie das Glimmlicht, sondern leuchtend blau und erzeugen ein knallendes, prasselndes Geräusch, so daß diese Erscheinung als „Prasselfeuer" bezeichnet werden kann. Wenn bei einer gegebenen Einstellung die Spannung allmählich erhöht wird, so tritt bei Erreichung der Glimmgrenze zunächst das Glimmlicht auf. Mit steigender Spannung verstärkt es sich, und bei einer bestimmten weiteren Spannungsgrenze treten durch das Glimmlicht hindurch Knallfunken auf, die — wie die Aufnahme zeigt — die Glocke auch außen überziehen. Auch die zweite Grenze

Abb. 12.

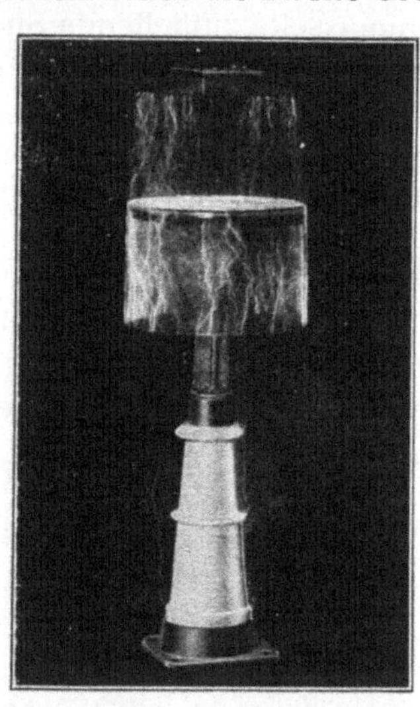

Abb. 13.

ist ziemlich scharf ausgeprägt, so daß sie sich bei gegebenen Verhältnissen gut messen läßt.

Wird die Spannung noch weiter gesteigert (Abb. 12), so verstärkt sich auch das Prasselfeuer und überzieht nunmehr die Glocke auf der ganzen Oberfläche und den Außenseiten.

Bei noch höherer Spannung (Abb. 13) tritt, wie diese Aufnahme zeigt, ein Überschlag längs des Fußisolators auf, ein Beweis, daß die Überschlagsgrenze des Apparates in vielen Fällen nicht durch die Glocke, sondern durch den normalen Stützisolator gegeben ist, so daß der Apparat dann an sich eine höhere dielelektrische Sicherheit bietet als die übrigen Apparate der Anlage.

Aus den Ausführungen über die die Glocken durchsetzenden Wattströme kann geschlossen werden, daß eine gewisse Energiemenge im Glase entwickelt und dieses dadurch erwärmt wird. Je höher die Spannung, je stärker das Prasselfeuer, um so intensiver wird natürlich diese Erwärmung. Immerhin hält sie sich in durchaus erträglichen Grenzen und ist nicht geeignet, eine Gefährdung der Körper herbeizuführen.

Dies beweisen die Kurven in Abb. 14. Es ist hier Prasselfeuer auf eine derartige Glocke gegeben worden, und zwar einmal mit einem Betrag von 50% über der Glimmgrenze, das andere Mal mit einem Betrag gleich dem Doppelten der Glimmgrenze, und es ist nach gewisser Dauer die Temperatur gemessen worden. Durch Wiederholung dieses Versuchs mit verschiedenen Belastungszeiten ergaben sich Kurven, die die Erwärmung der Glocke nach ver-

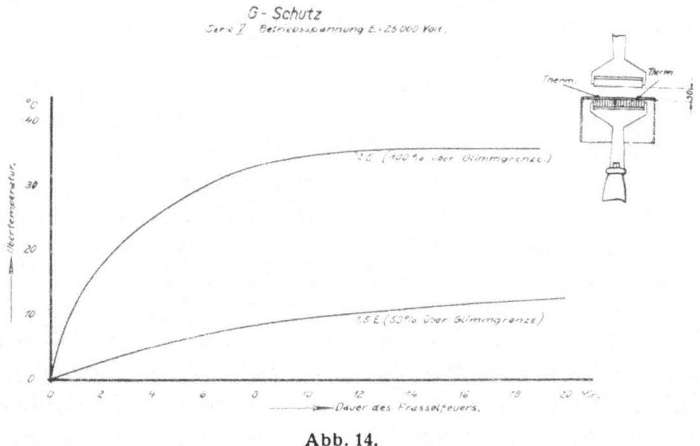

Abb. 14.

schiedenen Zeiten darstellen. Wie man sieht, erzeugt selbst die doppelte Glimmspannung, also ein sehr starkes Prasselfeuer, bei langer Belastung, in der der Beharrungszustand der Temperatur des Glases erreicht ist, nur Übertemperaturen von 36°, die verhältnismäßig langsam entstehen, und die keinesfalls irgendeine Gefährdung des Apparates bewirken können.

Dabei ist zu berücksichtigen, daß bei der normalen Einstellung der Apparate die Glimmgrenze bei Sternschaltung gegen Erde etwa gleich der doppelten Phasenspannung gemacht wird, so daß — selbst wenn eine Phase dauernd an Erde liegt — der Apparat nicht ohne weiteres anspricht. Der Versuch mit doppelter Glimmgrenze bedeutet vierfache Phasenspannung gegen Erde, also einen Betrag, der sicher im Betriebe nur während ganz kurzer Zeiten, während Bruchteilen von Sekunden, vorkommen wird, aber nicht während Viertelstunden oder mehr.

In der Praxis ist bisher im allgemeinen nur bei Überspannungen ein Glimmen beobachtet worden, wobei einzelne knallende Geräusche auftraten, die vielleicht auf die ersten Vorentladungen des Prasselfeuers zurückzuführen sind. Da diese Beobachtungen zum größten Teil bei Tageslicht gemacht wurden, sind sie nicht deutlich genug. Ein einziger bewiesener Fall von Prasselfeuer liegt vor (E. W. Königsee i. Thür., s. u.). Dabei handelt es sich um Beobachtungen während eines schweren Gewitters, das sich an einer Bergkuppe festgehangen hatte, über die die betreffende Leitung ging. Auch hier dürfte die Erscheinung sich nur auf kurze Zeit beschränkt haben.

Man kann sich übrigens auch ein Bild über die tatsächlich möglichen Erwärmungen auf rechnerischem Wege machen, und zwar, indem man die oszillographischen Aufnahmen der die Glocke durchsetzenden Ströme nach Abb. 7 zugrunde legt. Bei der höchsten dort untersuchten Spannung von 34 kV (etwa 70% über der Glimmgrenze) treten schon recht erhebliche Stromspitzen auf, trotzdem ist die Wattleistung in der Glocke verhältnismäßig gering. Sie läßt sich durch Aufzeichnen der Kurve für das Produkt von Stromstärke und Spannung und Planimetrieren dieser Kurve ermitteln und beträgt laut Oszillogramm rund 27,5 Watt. Die Elektrodenfläche betrug 156 qcm, und wenn man annimmt, daß die innere Seite der Glocke an dem unteren Rechen so eng anlag, daß dort eine Wärmeableitung nicht stattfinden konnte (eine viel zu ungünstige Annahme), so erhält man eine Wärmeableitung von der Glocke von rund 0,175 Watt für 1 qcm. Um die bei einer derartigen Dauerbelastung auftretenden Übertemperaturen zu errechnen, muß man zum Vergleich ähnliche Strahlungsmöglichkeiten heranziehen. Man darf nicht etwa Werte zugrunde legen, wie sie bei mattschwarzen Flächen oder bei den rauhen Außenseiten von Spulen auftreten. Als Vergleich wurde ein versilberter und polierter Kupferstreifen einer Schmelzsicherung zugrunde gelegt, die für 200 Ampere bemessen war und bei 275 Ampere noch nicht glühte. Die Temperatur muß also merklich unter 500° gelegen haben. Man kann vielleicht mit 420°, entsprechend einer Übertemperatur von 400° über Raum, rechnen. Wenn man sich aus der Ohmschen Wärme die zugehörige Belastung für 1 qcm Oberfläche ausrechnet, so kommt man auf rund 2 Watt für 1 qcm, oder bei Umrechnung auf 0,175 Watt für 1 qcm auf eine Übertemperatur von 35°. Die Rechnung ist natürlich reichlich ungenau, zeigt aber immerhin deutliche Übereinstimmung mit den Messungen und dürfte als Überschlagsrechnung hinreichend zuverlässig sein.

Es ist gezeigt worden, wie bei allmählicher Steigerung der Spannung zunächst eine deutliche Grenze in den Lichterscheinungen eintritt, die Dunkelheit und Glimmlicht unterscheidet, und später eine zweite, bei der das Glimmlicht in Prasselfeuer übergeht. Glimm- und Prasselgrenze stellen praktisch keine ganz scharfen Werte, sondern Übergangsbereiche dar. Bei der Beobachtung erwiesen sich aber diese als verhältnismäßig eng, so daß man mit ziemlicher Sicherheit Durchschnittswerte dafür festlegen kann, die nicht zu stark streuen.

Es ist klar, daß die Entfernung der Elektroden auf den Eintritt dieser beiden Grenzwerte einen Einfluß hat. Je größer die Entfernung gemacht wird, um so höher wird, wie nahe liegt, die Glimmgrenze werden, denn um so größer ist die Spannung, die erforderlich ist, um das Eintreten einer Überbeanspruchung der Luft zu erzielen.

Bei weitem nicht in gleichem Maße wächst die Prasselgrenze, denn je größer die Luftentfernung bei gleichbleibender Dicke des Glases ist, um so schärfer wird der Sprung in der Kapazität des Kondensators bei Überschreitung der Glimmzone, und um so lebhafter werden nach der Formel II die Spitzen der Wattströme, d. h. die Prasselfunken. Mit steigender Entfernung werden sich also Glimmgrenze und Prasselgrenze nähern, und es gibt eine Einstellung, bei der die Glimmgrenze mit der Prasselgrenze übereinstimmt, so daß überhaupt kein Glimmen mehr auftritt, sondern bei allmählicher Steigerung der Spannung sofort das Prasselfeuer einsetzt.

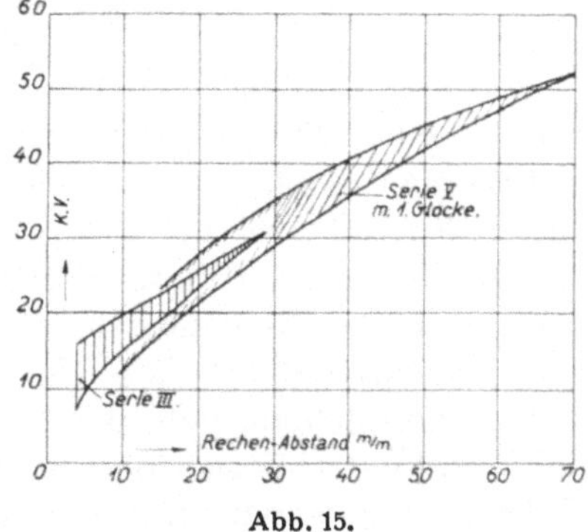

Abb. 15.

Abb. 15 zeigt Eichkurven von Glimmschützen Ser. III und Ser. V. Die untere Linie des Dreiecks, das rechts in eine Spitze ausläuft, stellt die Glimmgrenze, die obere die Prasselgrenze dar.

Es ist nun im Interesse einer Schonung des Glases erwünscht, daß in der Praxis die Entfernung beider Werte möglichst groß wird, damit die Störungen sich durch Glimmen und nicht durch allzu häufige und allzu kräftige Prasselfunken mit großen Stromspitzen, die durch das Glas gehen, ausgleichen. Man wird zweckmäßig diejenigen Stellen der Eichkurve, wo die beiden Grenzen weit voneinander entfernt sind, als „weiche Arbeit“, und wo sie sich nähern, als „harte Wirkung“ des Schutzes bezeichnen.

Der Schutz soll derart eingestellt werden, daß er weich arbeitet; dann wird das Material der Glocke geschont und die Lebensdauer groß gemacht.

Aus Abb. 15 sieht man, daß mit den wachsenden Maßen die Spitze des Dreiecks sich in Richtung der vergrößerten Abstände und vergrößerten Spannungen entfernt; je höher also die Betriebsspannung, um so größer müssen die Abmessungen sein, und diese Gesichtspunkte haben zur Festlegung der Konstruktionen geführt.

Abb. 16 zeigt dieselben Eichkurven für Ser. III und V zusammengestellt mit der Kurve eines Schutzes der Ser. G (entsprechend

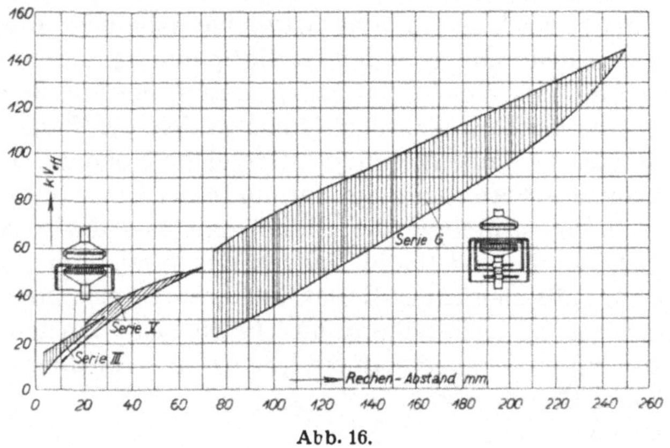

Abb. 16.

65 kV, neuer Entwurf der Regeln für Hochspannungsapparate des VDE). Man sieht, wie mit der Vergrößerung die Zone der Weichheit sich immer weiter erstreckt.

Die Betrachtung dieser Eichkurven gibt gleichzeitig einen Anhalt für die Grenze, die bei der heutigen Konstruktion für die Ausführung des Schutzes möglich ist. Die Eichkurve der Ser. III, der kleinsten heute hergestellten, geht bis 4 mm Abstand der Rechen, von Eisen zu Eisen unter Vernachlässigung des Glases gemessen, herunter. Es ist im allgemeinen nicht möglich, die Einstellung enger zu machen, weil die Glocken nicht mit hinreichend ebenen Böden hergestellt werden können, diese vielmehr bei der Fabrikation etwas wellig ausfallen; infolgedessen kann man die Rechen nicht enger zusammenstellen als derart, daß diese Wellen auf beiden Seiten vom Eisen unmittelbar berührt werden. Daher ist die Entfernung von 4 mm das geringste Maß, es entspricht einer Glimmgrenze von etwa 7,5 kV. Wenn man annimmt, daß diese Glimmgrenze mit der verketteten Spannung des Netzes zusammenfällt, so daß bei vollständigem Erdschluß einer Phase an den anderen gerade die ersten Lichterscheinungen auftreten, so würde demnach der Schutz bis 7,5 kV herab verwendbar sein. Tatsächlich aber zeigt die Erfahrung, daß die Einstellung nicht so eng gewählt werden muß, daß vielmehr für eine gegebene Betriebsspannung die Glimmgrenze erheblich höher als die verkettete Spannung eingestellt werden darf. Es ist deshalb möglich, Ser. III auch bei Spannungen von 5000 Volt mit gutem Erfolge zu benutzen; dagegen ist sie für niedrigere Spannungen kaum mehr geeignet.

Die obere Grenze der Verwendbarkeit des G-Schutzes ist beim heutigen Stande der Technik mit 65 kV gegeben. Es ist zwar eine Versuchsausführung für 100 kV ausgeführt worden, aber die dazu erforderlichen Glasglocken haben derartige Abmessungen, daß sie kaum mehr als transportsicher anzusprechen sind. Schon die Herstellung macht außerordentliche Schwierigkeiten; der Anteil des Ausschusses bei der Fabrikation ist erheblich und der Bruch bei dem Transport und bei der Lagerung geradezu verheerend. Sofern also nicht noch eine andere Lösung dafür gefunden wird, dürfte es für die nächste Zeit zweckmäßig sein, die Verwendung des G-Schutzes auf 65 kV zu beschränken.

Da die Begrenzung der Spannung nach unten durch die Fabrikationsschwierigkeiten der Glockenform gegeben ist, so scheint es aussichtsvoll, für niedrigere Spannungen ebene Isolierplatten zu verwenden, bei denen der Abstand erheblich kleiner gemacht werden könnte. Der Gesichtspunkt, daß große Überschlagswege erreicht werden müssen, um ein Übergreifen der Funken über die Ränder des isolierenden Trennkörpers zu verhindern, spielt bei diesen niedrigeren Spannungen keine so wesentliche Rolle. Erschwerend wirkt bei diesen Anordnungen wieder, daß der Apparat, um auf niedrigere Spannungen eingestellt zu werden, kleine Luftabstände erhält, und daß demnach die Veränderung der Kapazität sehr gering wird und damit auch die Schutzwirkung erheblich nachläßt. Es ist übrigens auch bisher nicht möglich, die Trennwände in solchen Dicken zu erhalten, daß günstigere Ergebnisse erzielt werden könnten. Vorarbeiten zur Herstellung von Apparaten für 500 Volt Wechselstrom bzw. 700 Volt Gleichstrom bis zu 4000 Volt Wechselstrom sind in Arbeit, jedoch sind die betreffenden Apparate zur Zeit noch nicht lieferbar.

Bei niedrigeren Spannungen wird für jeden Pol eine Glocke verwendet, während von 25 kV aufwärts zwei solche Anwendung finden; Ser. V für Spannungen über 25 kV besitzt also zwei gleiche Glocken, die mit den Bodenflächen gegeneinandergekehrt sind

(Abb. 17), während bei Ser. F und G zwei ungleiche Glocken ineinandergestellt und gleichartig gerichtet sind (Abb. 18). Letztere Anordnung hat den Vorteil, daß die Ablagerung von Staub und Feuchtigkeit erheblich verringert wird. Die innere Glocke ist so gut wie ganz vor Verunreinigung geschützt. Bei Ser. V wird also je nach dem Verwendungszweck für Spannungen unter 25 oder über 25 kV der Apparat mit einer oder mit zwei Glocken je Pol geliefert.

Abb. 18.

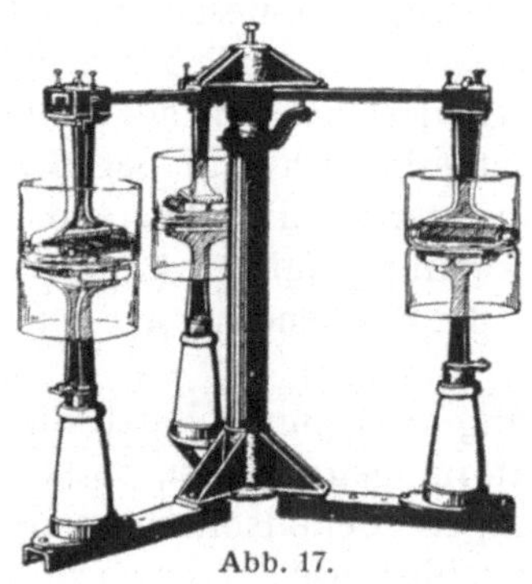
Abb. 17.

Außer den Untersuchungsverfahren, die auf einer Beobachtung von Lichterscheinungen und auftretenden Geräuschen beruhen, wurde im Prüffeld der Dr. Paul Meyer A.-G. noch eine objektive Prüfung durch Staubfiguren entwickelt. Es wurde ein Überzug von Talkumpulver auf die Oberfläche der Glocke gestäubt, wobei ganz bestimmte Vorsichtsmaßregeln zu beobachten waren. So wurde z. B. ein Gazesieb von 1 mm Maschenweite benutzt, das in einer bestimmten Entfernung über der Glocke wagerecht gehalten und stark erschüttert wurde. Talkum hat sich für den Versuch als das günstigste erwiesen, da es anscheinend die richtige Mitte im spezifischen Gewicht hielt. Leichtere Pulver wie Bärlappsamen und schwerere wie Schwerspat führten nicht zu so deutlichen Ergebnissen.

Abb. 19 zeigt einen statischen Versuch an einer derartig bestreuten Glocke, und zwar an einem Apparat der früheren Ser. VI, dessen Rechen auf 32 mm Abstand eingestellt waren (Abb. 19). Hier sind verschiedene Grade in der Entwicklung dargestellt. Figur *a* zeigt die Oberfläche der Glocke vor Einwirkung irgendwelcher

Spannung, sodann wurde ein normaler, sinusförmiger Strom darauf gegeben. Bei 20 kV war mit feinen Apparaten ein Geräusch hörbar, Lichterscheinungen waren auch im Dunkeln noch nicht zu beobachten.

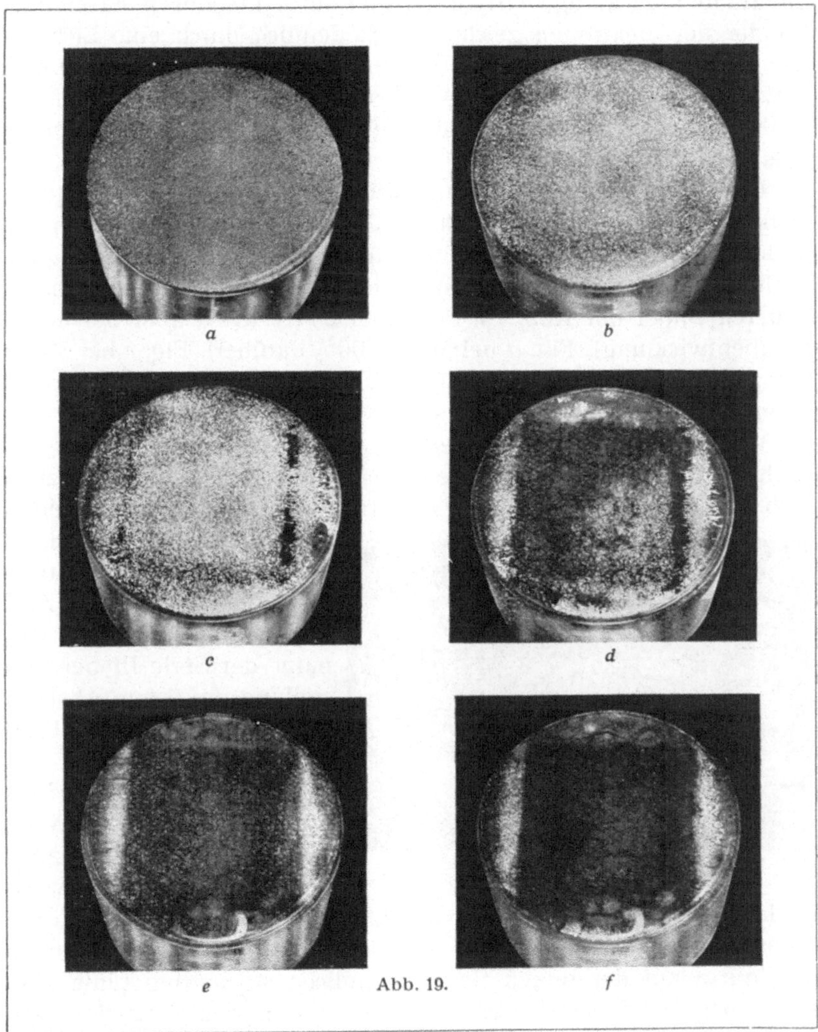

Abb. 19.

Etwas unter dieser Grenze, bei 19 kV, ergab sich aber bereits eine leichte Staubentwicklung in dem Zwischenraum zwischen dem oberen Rechen und dem Glase. Man kann also wohl annehmen, daß die ersten Glimmerscheinungen bei 19 kV auftreten, wenngleich sie den gröberen Methoden der optischen und akustischen Beobachtung noch nicht zugänglich waren. Nach kurzer Einwirkung von 20 kV ergab sich ein Bild, das Figur *b* in Abb. 19 darstellt. Zwischen den beiden Rechen sind die ursprünglich scharf abgezeichneten Körner durch die Staubentwicklung verwaschen und durcheinander geblasen. Die Ränder der Elektroden zeichnen sich deutlich durch eine Lichtung des Talkumpulvers aus. Der Überzug ist an diesen Stellen dünner geworden, so daß das dunkle Glas merklich durchscheint; besonders stark ist diese Erscheinung an den Stellen, die den Ecken der Rechen entsprechen.

Diese Veränderung ist darauf zurückzuführen, daß an den Stellen starker elektrischer Beanspruchung der Luft die Talkumteilchen sich aufluden und, da sie gleiche Polarität besaßen, sich gegenseitig abstießen. Bei weiterer Steigerung der Spannung ergaben sich die anderen Bilder der Abb. 19, Fig. *c* bei 25 kV (30% über der ersten Staubentwicklung), Fig. *d* bei 30 kV (60% darüber), Fig. *e* bei 35 kV (85% darüber) und Fig. *f* bei 55 kV (190% über dieser unteren Grenze, bei starkem Prasselfeuer).

Während Abb. 19 den Verlauf eines statischen Versuchs darstellt, also Anlegung einer gleichbleibenden Sinusspannung, zeigt Abb. 20 einen dynamischen Versuch, d. h. das Auftreffen einer Welle, die durch Kurzschluß an einer künstlichen Leitung hervorgerufen war. Die Aufnahmen sind an einem Apparat der Serie III bei Einstellung auf 7 mm Abstand hergestellt worden. Abb. 20 zeigt in Figur a den Zustand nach längerer Einwirkung von 10500 Volt, in Figur b dasselbe nach Auftreffen einer Welle. Es ist deutlich zu ersehen, wie der den Elektroden entsprechende Mittelraum erheblich verändert und abgeblasen ist. Allerdings zeigt die in Figur a auf der linken Seite befindliche strichartige Linie, daß schon bei der Spannung von 10500 Volt Betrieb eine derartige Elektrisierung der kleinsten Teilchen stattgefunden hatte, daß eine Staubfigur aus der ursprünglich regellosen Ablagerung entstanden ist.

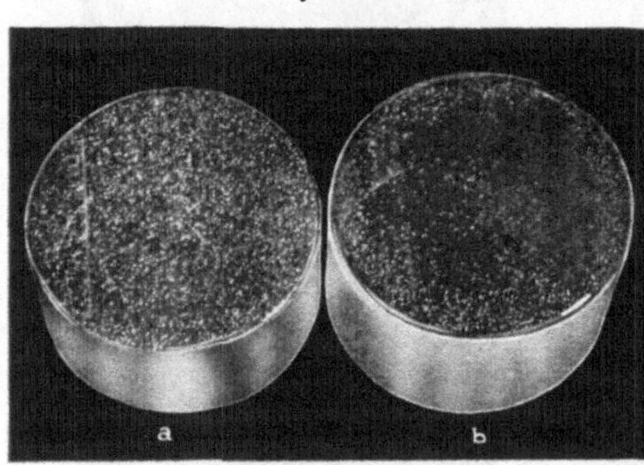

Abb. 20.

Außer diesen im Prüffeld hergestellten, zu Studienzwecken dienenden Staubfiguren sind auch unfreiwillig erzeugte Niederschläge beobachtet worden, von denen Abb. 21 eine Darstellung gibt. Es ist dies eine Glocke eines beim E. V. Gröba eingebauten G-Schutzes, der dort einige Zeit an die Sammelschienen angeschlossen, aber zu eng eingestellt worden war, so daß der Apparat fast dauernd schwach arbeitete. Durch die beständige Überelektrisierung der Luft an den Ecken der Rechen ist eine Zerstäubung eingetreten, wobei abgestoßene Eisenteilchen sich an der Glasfläche ansetzten und dort ein Bild der gegenüberstehenden Spitzen des Rechens hinterließen. Besonders deutlich ist auch hier wieder die Abbildung der Ecke, die einen größeren, schwärzlichen Fleck darstellt. Nachdem diese Niederschläge aufgetreten waren, ist von der Betriebsleitung die Glocke um etwa 40° verdreht worden, so daß die schwarzen Flächen teilweise aus dem Bereich der Strahlung kamen, besonders die starke Ablagerung, die der Ecke entsprach. Da die Einstellung nicht geändert wurde, so setzte sich die Zerstäubung fort, und es bildete sich eine zweite Linie, die gegen die erste um einen entsprechenden Winkel verdreht ist. Diese Ablagerungen — die in anderen Fällen auch beobachtet wurden, wenn die Apparate sehr häufig ansprechen — bestehen aus lose aufliegenden Eisenteilchen, die leicht abgewischt werden, ohne irgendwelche Spuren zu hinterlassen. Sie haben bisher keinerlei Übelstände hervorgerufen, trotzdem Apparate mit solchen Ablagerungen monatelang in Betrieb blieben. Immerhin dürfte es sich empfehlen, bei solchen Erscheinungen die Glocken von Zeit zu Zeit zu reinigen.

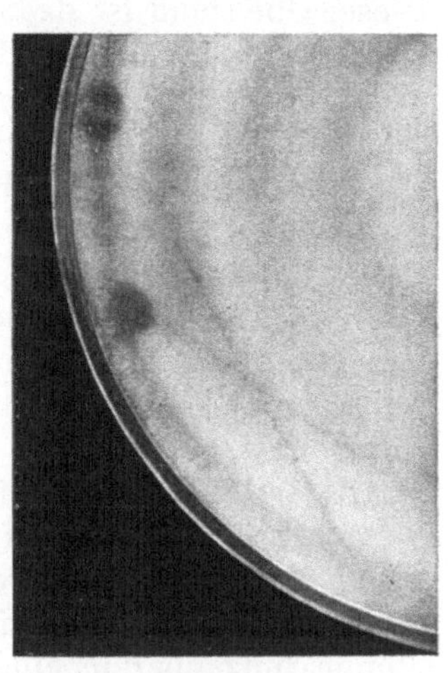

Abb. 21.

Es ist auch bisweilen die Vermutung aufgestellt worden, daß das Glas unter der dauernden Beanspruchung, besonders unter dem Einfluß der starken Funken sich verändern oder zersetzen könnte. Bei der bisherigen Betriebsdauer sind Beobachtungen in dieser Hinsicht nicht gemacht worden; es konnten weder Verfärbungen noch Änderungen der Oberfläche des Glases festgestellt werden, und wenn in einzelnen Fällen Stellen von der Größe eines Stecknadelkopfes matt erschienen, so dürfte es sich dabei kaum um eine Veränderung handeln, sondern diese Flecke dürften bereits vor dem Einbau des Apparates vorhanden gewesen sein.

Ein wesentlicher Gesichtspunkt für die Wirkungsweise eines Überspannungsschutzapparates ist seine zeitliche Empfindlichkeit. Je schneller der Apparat sich den außerordentlich rasch veränderlichen Spannungswerten der Wellen anpassen kann, um so besser wird seine Wirkung sein. Die bekannten Funkenstrecken, wie Hörner, leiden unter einem recht erheblichen Entladeverzug, und diese Erscheinung hat zur Anbringung von mancherlei Notkonstruktionen, z. B. Kugeln mit großem Krümmungsradius, geführt. Dieser Übelstand ist dadurch begründet, daß das Feld zwischen den Elektroden verhältnismäßig gering ist, solange die Spannung normale Werte besitzt, und daß die Ionisierung der Luftstrecke eine gewisse Zeit erfordert. Bei dem Glimmschutz ist dagegen — infolge der eigenartigen Konstruktion und besonders infolge der Brechung der Verschiebungslinien durch den Wechsel der Dielektrizitätskonstanten — eine starke Felddichte an einer großen Anzahl von Punkten vorhanden, so daß schon bei normalem Betriebe eine erhebliche Ionisierung stattfindet und nur eine Erhöhung um verhältnismäßig geringe Beträge notwendig ist, um die Arbeitsgrenze des Apparates zu überschreiten.

Dieser Überlegung entsprechen die tatsächlichen Erfahrungen in weitgehendem Maße. Es sind in einer Reihe von Stationen, bei denen Hörnerschutzapparate vorher eingebaut waren, deren Wirkung aber nicht befriedigend oder nicht ausreichend erschien, Glimmschutzapparate eingebaut und mit den Hörnern gleichzeitig verwendet worden. Dabei ist, soweit die Stationen bewacht waren, eine besondere Beobachtung eingerichtet und, soweit die Stationen nicht unter Aufsicht standen, durch Anbringung von Wollfäden an den Hörnern deren Ansprechen nachträglich kontrolliert worden. Das Ergebnis war, daß in allen Fällen, in denen Hörner und Glimmschutz an derselben Stelle des Schaltungsschemas angebracht waren, seit dem Einbau des Glimmschutzes die Hörner niemals mehr angesprochen haben und daß in den Fällen, in denen an den Freileitungen Hörner und an den Sammelschienen, also von den Einführungen durch namhafte Selbstinduktionen getrennt, Glimmschutzapparate angebracht waren, im allgemeinen die Hörner nicht mehr arbeiteten, sondern ein mehr oder weniger häufiges Ansprechen der Glimmschütze festgestellt wurde, und nur in verhältnismäßig sehr seltenen Fällen, wahrscheinlich bei ganz besonders heftigen Gewittern mit Einschlägen in unmittelbarer Nähe der Leitung, auch einmal vereinzelt ein Abblasen der Hörner stattfand.

Dabei ist zu beachten, daß die Einstellung beider verglichenen Apparate die normale für den betreffenden Betrieb war, so daß die

Beobachtung vom praktischen Gesichtspunkt richtig, vom wissenschaftlichen, der eine Regelung auf gleiche Empfindlichkeit vorausgesetzt hätte, nicht einwandfrei war.

Dieser schnellen Wirkung des Glimmschutzes dürfte ein wesentlicher Anteil an den guten Erfahrungen aus dem Betriebe zuzuschreiben sein.

II. Aufbau und Einbau.

Die erste Ausführungsform, in der der G-Schutz praktisch geliefert wurde, ist in Abb. 22 dargestellt. Die drei Pole sind in einer Reihe aufgebaut, die spannungführende Schiene ist in der Mitte an einem Stützisolator angebracht und trägt mittels eines Metallbügels

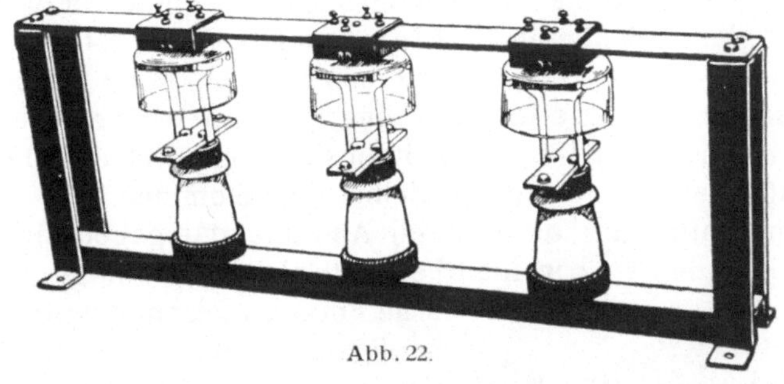

Abb. 22.

den unteren Rechen, auf dem die Glasglocke sitzt. Diese war ursprünglich auf dem Rechen aufgekittet. Da sich aber infolge verschiedener Wärmeausdehnung der einzelnen Teile Schwierigkeiten ergaben, ist eine andere Befestigung eingeführt worden, indem an dem Rechen kreisförmige, federnde Bügel aus Tombak angebracht wurden, die sich von innen gegen den Rand der Glocke spreizen und auf diese Weise die Festhaltung bewirken. Diese Bügel haben auch einen geringen elektrischen Einfluß, insofern sie eine weitere Ausbildung des Feldes nach dem Umfang zu begünstigen.

Über der Glocke steht der obere Rechen. Alle drei oberen Elektroden sind an einer gemeinsamen Schiene angebracht, und zwar mittels einer Feinstellvorrichtung mit je einer zentralen Zug- und vier darum angeordneten Druckschrauben, die eine Verschiebung in senkrechter Richtung und ein leichtes Kippen ermöglichen. Durch Zwischenlagen zwischen der oberen Schiene und deren Träger kann eine grobe Einstellung sämtlicher drei oberen Elektroden gleichzeitig bewirkt werden. Wie sich aus der Abbildung ergibt, befinden sich unten und oben geerdete Teile. Die Spannung ist nur in der Mitte zugeführt. Eine Rauminanspruchnahme über den

Rahmen hinaus findet nicht statt. Die Hauptleitung kann durch die mittlere Schiene, d. h. durch den Apparat selbst, hindurch geführt werden, so daß dieser die Rolle von drei normalen Stützisolatoren spielt.

Diese Anordnung eignet sich recht gut für diejenigen Fälle, in denen der Apparat über die Einführungsleitung gebaut wird. In manchen Stationen wurde jedoch eingewendet, daß der erhebliche Raum in der Breite nicht zur Verfügung stehe, und das veranlaßte die Dr. Paul Meyer A.-G., den dreipoligen Apparat in Sternform auszuführen, wie in Abb. 17 (Seite 16) dargestellt. Die Feineinstellung der Elektroden ist dieselbe wie bei dem geradlinigen dreipoligen Schutz, jedoch sind die drei Pole in einem gleichseitigen Dreieck um eine geerdete Säule aufgestellt, die einen Stern zur Anbringung der drei oberen Elektroden trägt. Dieser ist um die zentrale Säule drehbar und mittels einer in der Mitte angebrachten Hubschraube in senkrechter Richtung grob verstellbar. Diese Form ist unter Umständen für die Leitungsführung nicht so günstig, ermöglicht es aber, mit engeren Zellen auszukommen.

Nach Einführung auch dieser Anordnung ergaben sich wieder Schwierigkeiten, weil in manchen Fällen die geradlinige, ursprüngliche Form vorgezogen wurde. Da es häufig nicht vorher zu sehen ist, welche richtiger und zweckmäßiger sein dürfte, so führte die Firma einpolige Apparate (Abb. 23) ein, die etwa den dreipoligen entsprechen und sich von ihnen dadurch unterscheiden, daß jeder Pol seine eigene Säule zur senkrechten Verstellung und Verdrehung besitzt. Sie lassen sich bequem in jeder gewünschten Anordnung zusammenstellen: geradlinig nebeneinander, als Ende einer Abzweigung, oder in Stern mit in der Mitte zusammengestellten, senkrechten Säulen oder auch z. B. in Treppenanordnung, die unter Umständen bei engen Zellen zweckmäßig sein kann.

Abb. 23.

In Abb. 23 ist gezeigt, wie man durch seitliche Verdrehung des oberen Querhauptes die Glocke zugänglich machen kann. Für Revisionen, Reinigungen, Auswechslungen ist diese Anordnung sehr zweckmäßig, um so mehr, als bei dem Ausschwenken die Einstellung nicht verändert wird.

Zwischen dem oberen Rechen und dem sie tragenden Querhaupt wird in neuerer Zeit, wie in Abb. 23 sichtbar, eine Isolation eingebaut, die normal durch ein Schienenstück überbrückt ist und dazu dient, nach Wegnahme des Schienenstückes Meßgeräte, besonders Oszillographen, einzuschalten, um über die Wirkungsweise des Apparates einen Aufschluß zu erhalten.

Es sei nebenbei erwähnt, daß die Versuche, eine betriebsmäßig verwendbare Meß- und Registriereinrichtung zu schaffen, an der Geringfügigkeit der zur Verfügung stehenden Energiemengen bisher gescheitert sind.

Da durch den G-Schutz Wellen außerordentlich hoher Frequenz gehen und — wie die Oszillogramme zeigen — gerade sehr steile Stromspitzen die Wirkung des Apparates ausmachen, so ist der Einbau von Selbstinduktionen, wie sie bei elektromagnetischen Meßgeräten notwendig wären, ausgeschlossen; selbst eine einzige Schleife, die bei einem hochempfindlichen Hitzdrahtgerät versuchsweise angewendet wurde, erzeugte so hohe Spannungen, daß an den Enden Funken auf weite Entfernungen überschlugen; ein Beweis, daß diese eine Windung schon stark drosselnd wirkte. Es sind dann Versuche mit einer Registrierung durch Verstärkerröhren angestellt worden, die aber bisher wegen zu großer Empfindlichkeit ein praktisches Ergebnis nicht gezeitigt haben. Bis auf weiteres wird man also diese Meßmöglichkeit, die an allen neueren Glimmschützen vorhanden ist, nur für gelegentliche oszillographische Aufnahmen ausnutzen können.

Wie die Abbildungen ausgeführter Glimmschütze zeigen, befinden sich an diesen oben und unten geerdete Teile, so daß eine Rauminanspruchnahme nach diesen Richtungen durch die Wirkung des Apparates nicht bedingt ist. In der Seitenrichtung sind die wesentlichsten Abmessungen der frei zu lassenden Räume durch die nachfolgende Zahlentafel gegeben, wobei das von Mitte Apparat bis Erde vorgesehene Maß dann gültig ist, wenn die nächsten geerdeten Teile ebene Flächen, Wände oder Körper von einigermaßen großem Krümmungsradius sind. Gegenstände mit scharfen Kanten oder Spitzen sollen entsprechend weiter entfernt sein, damit auch bei langem Ansprechen des Apparates und starker Ionisierung der Luft um die Glocke herum nicht ein unerwünschter Überschlag stattfinden kann.

Eine kritische Betrachtung dieser Zahlen führt zu dem Ergebnis, daß dieser Überspannungsschutz außerordentlich geringen Raum in Anspruch nimmt. Er läßt sich noch dort anbringen, wo andere Systeme aus Raummangel unmöglich wären. Dieser Vorzug kann den Preisunterschied gegen Hörnerableiter in den meisten Fällen mehr als aufwiegen und dazu führen, daß in Stationen, in denen nachträglich ein Überspannungsschutz eingebaut werden soll, überhaupt nur der G-Schutz in Frage kommen kann. Er läßt sich über Bedienungsgängen, in unbenutzten Ecken und Winkeln unterbringen, weil keine Lichtbögen entstehen und daher darüber und an den Seiten kein unnötiger Platz für die Wirkungsweise frei zu lassen ist.

Zahlentafel.

Serie	kV	Mittenabstand	Abstand Mitte scharf gegen Erde
III	6 bis 15	480	300
IV	10 bis 25	665	400
V	20 bis 35	850	500
F	35 bis 50	1100	700
G	65	1300	900

Die Schaltung ist in Abb. 24 in den Hauptzügen dargestellt. Von demjenigen Teil der Anlage, in dem Wellen erzeugt werden, z. B. dem Netz, geht der Strom durch Drosseln nach dem geschützten

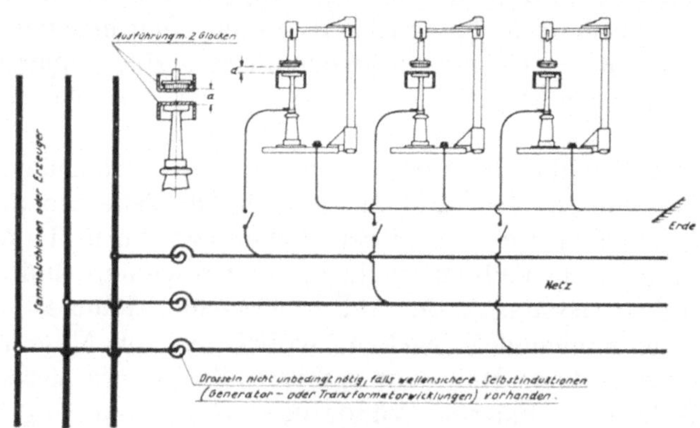

Abb. 24.

Teil hindurch, z. B. den Sammelschienen. Vor den Drosseln im Sinne der ankommenden Wellen zweigt die Leitung zum Glimmschutz ab, und zwar möglichst derart, daß die Linienführung geradlinig ist oder nur wenige Krümmungen mit großem Radius enthält, während die Hauptleitung mit scharfen Winkeln abgebogen sein kann.

In die Zuführung zum Glimmschutz empfiehlt es sich Trennschalter zu legen, um die Apparate gelegentlich zur Besichtigung, Reinigung oder Auswechslung der Glocken spannungslos machen zu können. Es ist nicht ausgeschlossen, daß einmal eine Glocke mechanisch verletzt wird. Sofern starke Beanspruchungen vorkommen und der Bruch sich der Bodenfläche der Glocke nähert, soll in einem derartigen Falle zur Vermeidung eines unmittelbaren Erdschlusses durch die Sprünge der Schutz abgeschaltet und die Glocke ausgewechselt werden.

In unwichtigen, unbequemen Ausläuferstationen, bei denen die Abschaltung der betreffenden Leitung auf gewisse Zeiten zulässig ist, kann man die Trennschalter entbehren, muß aber dann, solange an dem Glimmschutz gearbeitet wird, die ganze Leitung außer Betrieb setzen oder die Verbindung zwischen den spannungführenden Leitungen und dem Glimmschutz für die Dauer der Arbeit abnehmen.

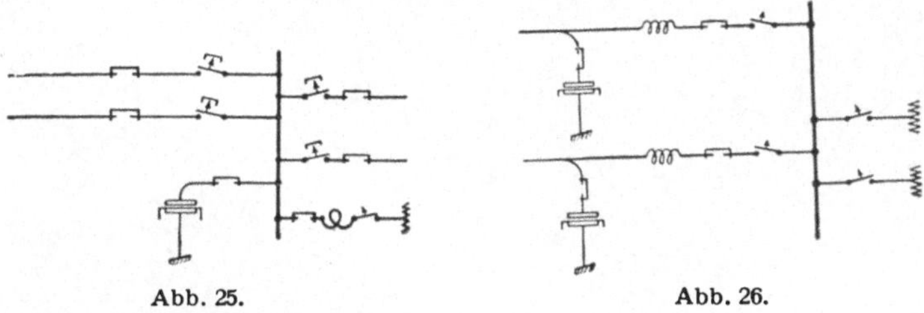

Abb. 25. Abb. 26.

Es wird häufig die Frage aufgeworfen, ob ein solcher Schutz zweckmäßig an jeder ankommenden Freileitung oder an den Sammelschienen angeordnet werden soll. In ersterem Falle sind so viele Schutzapparate notwendig, als Leitungen vorhanden sind, in letzterem ein einziger Schutz für die Anlage. Die erstere Anordnung ist verhältnismäßig teuer, gewährt aber eine einwandfreie Wirkung, während die Anbringung des Schutzes an den Sammelschienen nur dann eine Sicherheit verleiht, wenn zwischen den Freileitungen und den Sammelschienen Selbstinduktionen nicht vorhanden oder, soweit diese nicht zu entbehren sind (Maximalauslöser, Stromwandler), gut durch induktionsfreie Widerstände überbrückt sind. Selbst dann ist der angebrachte Schutz nicht so wirksam, weil die Möglichkeit fortfällt, die erwünschte Ergänzung durch Drosseln anzuwenden, die eine Reflektion der Wellen und damit eine Spannungsteigerung und eine Erhöhung der Wirkung hervorrufen.

Will man eine Anlage mit Sammelschienenschutz ausrüsten, so empfiehlt es sich, wenigstens diejenigen Felder, die von den Wellen nicht getroffen werden sollen, wie z. B. Transformatoren-, Generatoren- oder Meßfelder, durch vorgelegte Drosselspulen zu schützen (Abb. 25) und den Wellen nur den freien Verlauf zwischen den Leitungen und den Sammelschienen zu gestatten.

Da immerhin die Selbstinduktionen zwischen der Eintrittsstelle der Wellen und den Sammelschienen niemals ganz beseitigt werden können, muß dringend zu der Anordnung der Schutzapparate an allen einkommenden Leitungen geraten werden (Abb. 26).

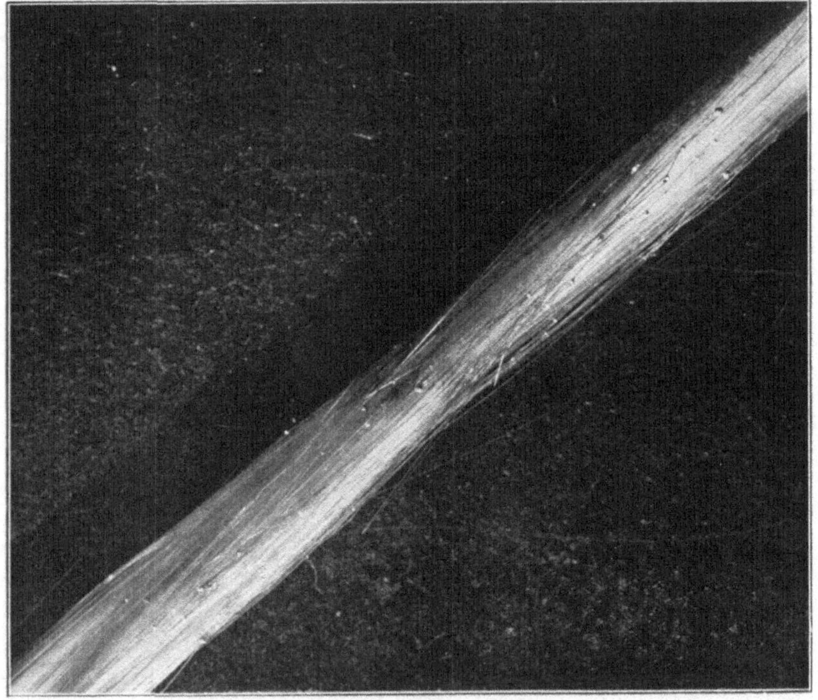

Abb. 27.

Es ist erwähnt worden, daß vor die Schutzapparate Trennschalter gelegt werden sollen. In der Zeit des Einbaues der ersten Glimmschütze bestand eine gewisse Ängstlichkeit, weil man mit einer Möglichkeit der Beschädigung von Glasglocken rechnete. Es sind deshalb Meßtransformatorensicherungen gelegentlich vorgeschaltet worden, um im Falle eines Schadens und dadurch bedingten vollständigen Erdschlusses die sofortige Abschaltung zu bewirken. Solche Sicherungen sind, wie die Erfahrungen zeigen, durchaus nicht notwendig, bilden aber geradezu Unsicherheitsfaktoren, weil sie bei den vorkommenden hohen Spannungen durch das an den dünnen Fäden auftretende Feld zerstäuben können.

Abb. 27 zeigt die Reste eines derartigen Einsatzes aus der Schaltanlage des E. V. Gröba. Es ist ein Zopf aus Glasfäden, um den der Draht spiralförmig herumgewunden war. Das ganze Material ist zerstäubt, und es sind nur einzelne, kugelförmige Reste an den Glassträhnen hängen geblieben. Ein solcher Vorfall hat zur Folge, daß der Schutz, den man als vorhanden betrachtet, tatsächlich ausfällt, und daß unter Umständen Beschädigungen auftreten, die dem Apparat zu Unrecht zur Last gelegt werden. Wenn Transformatorensicherungen für den Betrieb von Voltmetern und ähnlichen Anzeigegeräten Verwendung finden, so ist ein Schaden an der Sicherung durch das Fehlen des Ausschlages ohne weiteres ersichtlich, so daß eine Beeinträchtigung des Betriebes dadurch nicht eintritt. Dagegen wissen die Betriebsleiter elektrischer Zentralen ein Lied von den Schäden zu singen, die durch das Zerstäuben der Meßtransformatorensicherungen auf der Primärseite der Wandler für Zähler vorkommen, weil niemand weiß, seit wann letztere nicht anzeigen, und dann Schwierigkeiten in der Verrechnung auftreten.

Abb. 28 zeigt einen Schnitt durch ein Transformatorenhaus. Die Leitung wird oben abgespannt und durch das Fenster in leicht geschwungenem Bogen zur gegenüberliegenden Wand und über den Trennschalter zum Glimmschutz geführt. Unmittelbar am Fenster zweigt im rechten Winkel der Hauptstrang ab und geht über Drosselspulen und Trennschalter herunter zu dem Ausläuferschalter des Transformators.

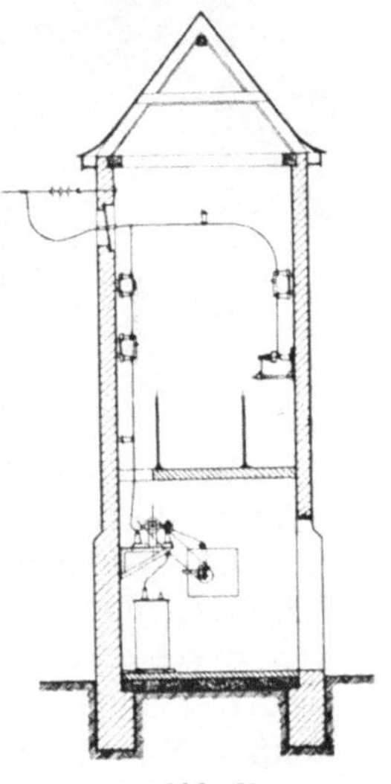

Abb. 28.

In solchen kleinen Stationen ist der zur Verfügung stehende Platz im allgemeinen sehr beschränkt, so daß gerade hier der Glimmschutz sich durch seine geringen Anforderungen besonders bewährt Photographien dieser Anlagen lassen sich meist nicht herstellen, weil die Räumlichkeiten so eng zu sein pflegen, daß man ohne Lebensgefahr den photographischen Apparat kaum aufstellen und die nötige Entfernung zur Aufnahme nicht gewinnen kann. Abb. 29 gibt eine Ecke aus der Station Bannetze der Überlandzentrale Celle. Die starke Verzeichnung, die durch die Notwendigkeit, schräg nach oben zu photographieren, bedingt ist, zeigt, wie eng der Raum ist.

Abb. 30 (Transformatorenstation Borbeck des Rheinisch-Westfälischen Elektrizitätswerks) führt den Einbau in einer Schaltanlage vor, bei der auf einen Überspannungsschutz ursprünglich gar nicht gerechnet war und der Apparat mit seinen Trennschaltern auf die Eisen gesetzt worden ist, mit denen die Schalttafel gegen die Wand versteift war. Er steht unmittelbar über dem Transformator und verhältnismäßig nahe an der Wand, sowie nicht weit unter der Decke. Der Einbau von Hörnern wäre hier unmöglich gewesen.

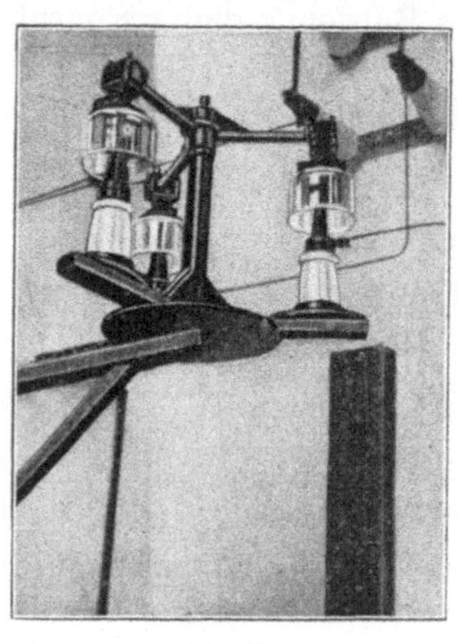

Abb. 29.

Abb. 30.

Abb. 31 entstammt der Schaltstation Fürstenwalde des Märkischen Elektrizitätswerks. Im Hintergrunde sieht man die Einführungsfenster, von denen die Hauptstränge senkrecht nach dem Schaltfeld der betreffenden Freileitung herabgehen. Wagerecht auf den Beschauer zu laufen Runddrähte zum Hörnerüberspannungsschutz. Der G-Schutz wurde nachträglich eingebaut und steht auf kleinen Konsolen über diesen Leitungen unter der Decke und in einem Raum, der anderweit nicht benutzbar wäre. Die Zuführungen zum G-Schutz sind von denen zu den Hörnern unmittelbar abgezweigt, so daß hier beide Apparate in gleicher Weise arbeiten.

Aus einer Industriezentrale (Gewerkschaft König Ludwig, Schacht IV/V) entstammt die Aufnahme Abb. 32. Die Schaltanlage ist ohne Schutz projektiert. Nachträglich erwies es sich

Abb. 31.

als zweckmäßig, noch einen solchen einzubauen. Er hängt an der Decke über dem Bedienungsgang, an einem Platz, der nicht dafür vorgesehen ist. Der Raum ist reichlich hoch, so daß eine Gefährdung des Personals durch die oben angebrachten spannungführenden Teile nicht eintritt.

Abb. 32.

Abb. 33.

Abb. 33 zeigt den Einbau eines Schutzes in einer Transformatorenstation der Ullersdorfer Flachsgarnspinnerei Hugo v. Löbbecke, Ullersdorf a. d. Biele. Die Leitung kommt oben durch die Einführungsfenster und geht von dort senkrecht durch Trennschalter, Röhrensicherungen und Drosselspulen herab, um durch einen Durchbruch in den Transformatorenraum, im unteren Stockwerk zu führen. Vor dieser senkrechten Leitung befinden sich auf Quereisen die Trennschalter des Glimmschutzes und dieser selbst.

In den vorgeführten Abbildungen sind meist noch ältere Formen, besonders geradlinige Anordnungen, dargestellt. Man sieht aber aus den Abbildungen ohne weiteres, daß hier Ersatz durch je drei einpolige Elemente ohne Schwierigkeiten und ohne Vergrößerung des Raumbedarfs möglich wäre.

III. Erdschlußversuche.

Zunächst waren solche Versuche nur im Prüffeld der Dr. Paul Meyer A.-G. ausführbar. Es wurde eine künstliche Leitung nach Abb. 34 verwendet. Ein Transformator, der von Niederspannung erregt und dessen hochspannungseitiger Nullpunkt geerdet war, arbeitete mit einer Phase, an der der Glimmschutz lag, über einen Kondensator auf eine Erdungsstelle, die durch Anhalten einer beweglichen, mit Erde verbundenen, an eine zweite, spannungführende Kugel und allmähliches Ziehen eines Lichtbogens gebildet wurde. Die Kapazität bildet einen Schwingungskreis zusammen mit der Selbstinduktion der

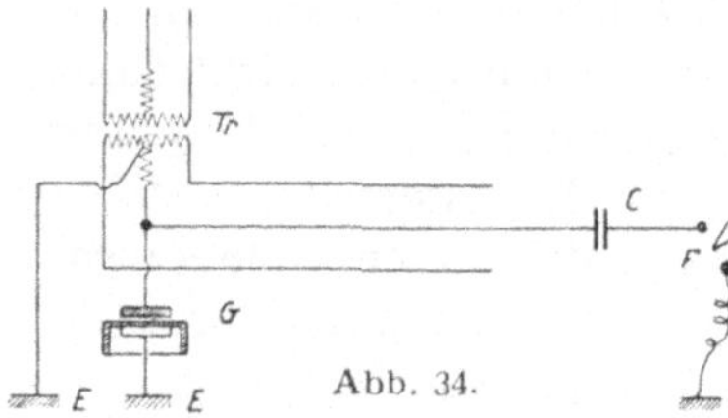

Abb. 34.

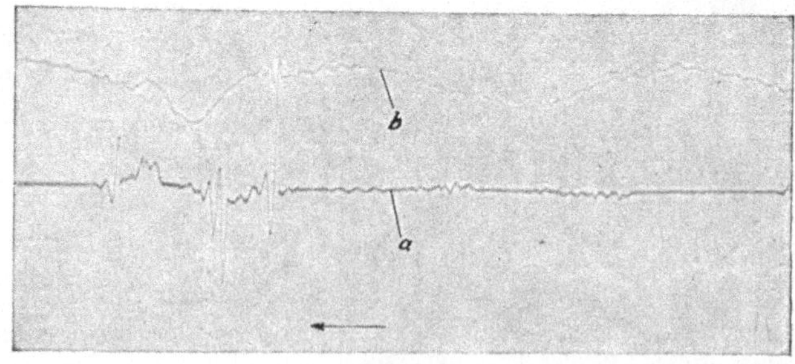

Abb. 35.

Wicklungen, die gleichzeitig die zur Erhöhung der Wirkung des G-Schutzes erwünschte Drossel bildet.

Bei der an sich recht unvollkommenen Anordnung ergaben sich Oszillogramme nach Abb. 35, in der die obere Linie *b* die Spannungskurve auf der Primärseite des Transformators, also niederspannungseitig, die untere *a* den durch den Glimmschutz zur Erde fließenden Strom darstellt. Man ersieht, daß letzterer immerhin nicht unerhebliche Stromstöße von hoher Frequenz durchläßt, die zum Teil mit den Höchstwerten der Spannungskurve übereinstimmen. Da aber beide Größen in einem etwas verwickelten Verhältnis stehen, und da die ganze Anordnung doch dem praktischen Betriebe wenig entspricht, so lassen sich aus solchen Aufnahmen keine weiteren Schlüsse ziehen.

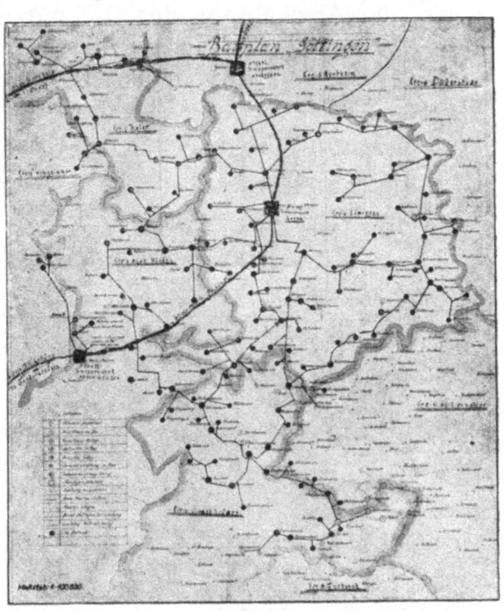
Abb. 36.

Es war daher außerordentlich dankenswert, daß das Staatliche Elektrizitätsamt Cassel der Dr. Paul Meyer A.-G. die Vornahme von Erdschlußversuchen in ihrem 15000 Volt-Netz gestattete. Dieses Entgegenkommen war um so mehr zu begrüßen, als andere große Netze mit Rücksicht auf die möglichen Beschädigungen solche Versuche unbedingt ablehnten. Das Eltamt stellte die Schaltstation Grone bei Göttingen (vgl. Karte Abb. 36) zu den Versuchen zur Verfügung. Ein Ring von 60000 Volt verbindet die Hauptumspannwerke, von denen jedes, wie z. B. Grone, sein eigenes Mittelspannungsnetz für 15 kV ohne Verbindung mit den benachbarten Netzen betreibt. Die Versuche fanden an dem in der Abb. 36 dargestellten Netz statt, und zwar derart, daß die Leitungsstrecke von Grone nach Varmissen—Dransfeld an den Sammelschienen abgetrennt und über die übrigen zu einem Maschennetz zusammengeschlossenen Leitungen gespeist wurde. Wenn also an dem Schaltfeld Varmissen gearbeitet wurde, so befand man sich am Ende eines aufgeschnittenen Ringes, dessen Anfang daneben in den Sammelschienen derselben Station Grone lag. Die Schaltung der ersten Versuche ist in Abb. 37 dargestellt. Von den Sammelschienen, die auch durch eine Kondensatorbatterie geschützt sind, gehen

Leitungen über die verschiedenen Schaltfelder ins Netz, verketten sich dort, und von da kehrt die Freileitung Varmissen zurück, um in dem Schaltfeld über den Zuführungstrennschalter T_{1l}, zwei Stromwandler, den Ölschalter O_1 bis zu den Klemmen des dauernd offengelassenen Sammelschienentrennschalters T_{1S} zu gehen.

Bei den ersten Versuchen wurde der Glimmschutz nur einphasig angeschlossen und an der zugehörigen Phase geerdet. Die Aufnahme von Spannungskurven war nicht vorbereitet, so daß die Versuche sich auf Stromaufzeichnungen in der Hauptleitung vor und hinter der Abzweigung des G-Schutzes G (Schleifen J_1, J_2) und in der Erdableitung des Glimmschutzes (Schleife J_e) beschränkten. Dabei mußten die Aufnahmen in der Hochspannungsleitung über

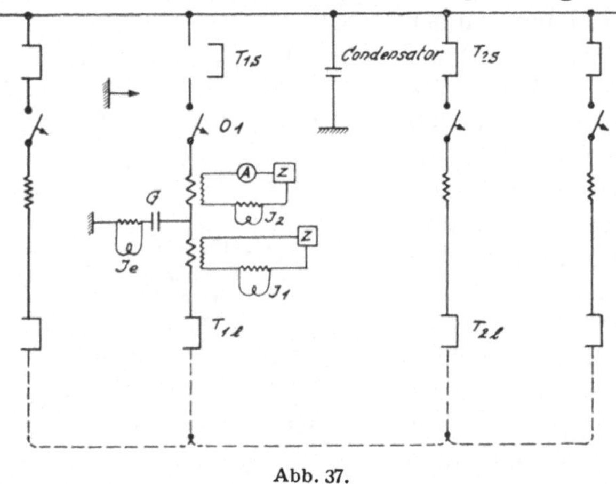

Abb. 37.

Stromwandler vorgenommen werden, die in dem betreffenden Schaltfelde eingebaut waren, während der Erdstrom unmittelbar bzw. mittels Nebenschlusses gemessen wurde.

Der Erdschluß, im Schema Abb. 37 durch einen Pfeil angedeutet, fand unmittelbar vor dem Sammelschienentrennschalter T_{1S} statt. Nachdem ein Versuch, mittels einer geerdeten Schaltstange durch Berührung an einem spannungführenden Trennschalter einen Lichtbogen zu ziehen, zum Überschlag nach der anderen Phase und einem gründlichen Kurzschluß geführt hatte, wurde an das abgetrennte Stück hinter dem Ölschalter O_1 eine leitende Verbindung zur Erde angelegt und durch den Schalter eingeschaltet. Die Verbindung brannte dann durch, und der Schluß verschwand. Nach einigen zaghaften Versuchen mit angefeuchteten und mit Säure benetzten Bindfäden wurde man mutiger und verwendete dünne Nickelindrähte hinreichender Länge; dabei sind Belastungen während eines Bruchteils einer Sekunde mit Stromstärken von 22 bis 23 Ampere möglich gewesen. Leider waren Mittel, um die Öffnung des Momentverschlusses mit dem Anfang oder Ende dieser Erdschlußzeit in Übereinstimmung zu bringen, nicht vorhanden, so daß die Versuche ein etwas mageres Ergebnis hatten. Abb. 38 zeigt die Oszillogramme, und zwar sind in den ersten beiden die Erdschlußströme J_1, J_2 in der Hauptleitung vor und hinter der Abzweigung des G-Schutzes und in den letzten drei der Hauptstrom vor der Abzweigung J_1 und der durch den Glimmschutz zur Erde gehende Strom J_e verglichen. Die Empfindlichkeit der Erdstromschleife ist in den Darstellungen 3 und 4 zu gering gewesen.

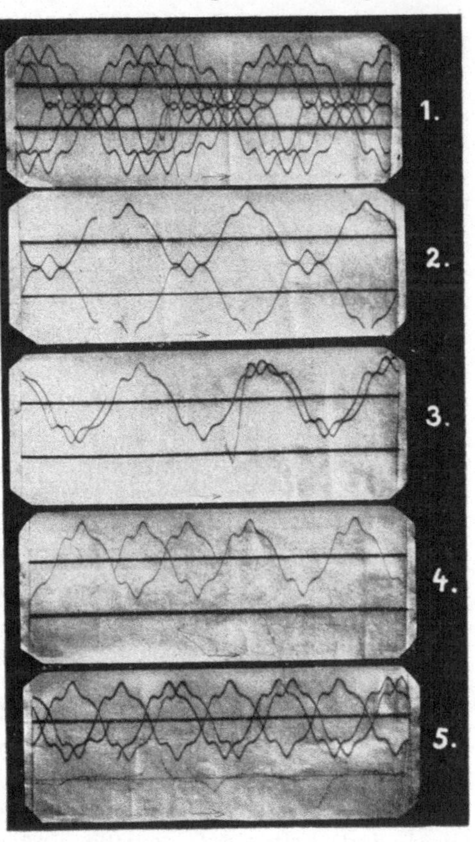

Abb. 38.

Man ersieht aus diesen Aufnahmen, daß zu Beginn des Erdschlusses (Oszillogramm 1 und 3) sehr schnelle Schwingungen auftraten und eine gewisse Unregelmäßigkeit vorhanden ist, insofern die Werte über den Beharrungszustand weit hinausgehen; dann schwingt sich der Strom auf eine gleichbleibende Kurve ein, die im wesentlichen die Sinusschwingung und die dritte Harmonische enthält. Ein geringer Anteil von geraden Harmonischen dürfte den stärker ausgeprägten Zacken auf der linken Seite gegenüber der abgerundeten Schulter auf der rechten erklären.

Aus den Werten des Hauptstromes vor und hinter der Abzweigung würde sich der zum Glimmschutz abfließende Strom als Differenz ergeben, wenn die Aufnahmen sich als hinreichend genau erwiesen. Das ist leider nicht der Fall, um so weniger, als eine genaue Eichung der Amplituden nicht vorhanden ist. Aus gleichzeitigen Ablesungen am Amperemeter war festgestellt, daß der Erdschlußstrom etwa 22,5 Ampere im Durchschnitt betrug, während eine Eichung der empfindlichen Schleife im Erdableitungskreis (Oszillogramm 5) als Amplitude der aufgezeichneten Linien die Größenordnung von 1 Milliampere ergibt.

Interessant ist besonders der Beginn des Erdschlusses, während leider die Stromkurve bei dessen Abreißen nicht aufgenommen ist.

Das erste Oszillogramm gestattete eine genauere Vergleichung der Anfangsschwingungen, die auf photographischem Wege nach dem Originaloszillogramm stark vergrößert wurden. Unter Berücksichtigung der Gleichheit der in der Hauptleitung vor und hinter der Abzweigung des G-Schutzes aufgezeichneten Ströme kann man die Differenz der schnellen Schwingungen ermitteln und kommt dann auf Werte, die ziemlich erhebliche Beträge ausmachen und durch den G-Schutz zur Erde abfließen müssen. In Anbetracht der Ungenauigkeit einer solchen Differenz zweier annähernd gleicher, an sich ungenau aufgezeichneter Größen erscheint es übrig, die Ausmaße dieses Erdstromes zu bestimmen. Immerhin ist er sicherlich ein Vielfaches derjenigen Ströme, die nach Oszillogramm 5 bei ruhigem Erdschlußstrom mit ein- bis dreifach normaler Frequenz abfließen.

Interessant ist auch eine Betrachtung der Periodenzahl dieser schnellen Schwingungen nach dem ersten Oszillogramm. Zunächst sind einige unregelmäßige Zacken vorhanden, dann bildet sich eine ganz gleichmäßige Welle, deren Periodenzahl 2800 pro Sekunde beträgt.

Es ist nun bekannt, daß Lade- und Entladewellen — denn um solche handelt es sich hier — mit Lichtgeschwindigkeit auf den Leitungen hin- und herlaufen. Mit Einschaltung des Erdschlusses wird eine Entladewelle erzeugt, die mit 300000 km pro Sekunde durch die Leitung bis zu deren Anfang, in diesem Falle die Sammelschienen in Grone, eilt, dort zurückgeworfen wird und mit derselben Geschwindigkeit als Ladewelle zurückkehrt. Die Zeit von einem zum anderen Spannungsmaximum ist also gegeben durch den Quotienten der doppelten Leitungslänge (hin und zurück) dividiert durch die Lichtgeschwindigkeit, und die Periodenzahl ist umgekehrt der Quotient der Lichtgeschwindigkeit durch die doppelte Leitungslänge. Rechnet man aus der gemessenen Periodenzahl von 2800 die Leitungslänge aus, so erhält man 53,5 km. Nun ist aber, wie die Karte Abb. 36 S. 31 ergibt, die Leitung von Grone über Varmissen-Dransfeld auf dem kürzesten Wege zurück nach den Sammelschienen in Grone etwa 38 km lang. Zu einem Teil dieser Strecke sind andere, längere Wege parallel geschaltet, und man kann danach annehmen, daß die errechneten 53,5 km eine Resultierende aus diesen verschiedenen Wegen für die Wellen sind.

Zu Anfang der schnellen Schwingungen war eine Unregelmäßigkeit festgestellt worden. Das dürfte daran liegen, daß die verschiedenen Schwingungen entsprechend den verschiedenen Wellenwegen und Leitungslängen durcheinander gingen, bis sie sich auf eine mittlere Größe, entsprechend den errechneten 53,5 km und 2800 Perioden pro Sekunde einstellten.

Das Ergebnis dieser ersten Versuche in Grone war im ganzen etwas unbefriedigend. Dazu trugen verschiedene Fehler in der Anordnung bei, die teils auf nicht genügende Vorbereitung, teils auf Irrtümer in der Versuchsanordnung zurückzuführen sind. Zunächst entspricht eine metallische Erdung oder überhaupt eine Verbindung durch feste Leiter nicht den Verhältnissen, die bei intermittierenden Erdschlüssen — und das sind die wichtigeren und gefährlicheren — vorhanden sind. Es handelt sich um Erzeugung und Studium dieser schnellen Schwingungen, und bei den ersten Versuchen waren solche nur im Beginn und vielleicht am Schluß jeder Schaltung vorhanden. Man mußte also einen intermittierenden Erdschluß nachzuahmen suchen.

Ferner entsprach die durch die Raumverhältnisse gebotene Einschränkung auf einen einphasigen Glimmschutz nicht den praktischen Bedürfnissen; denn bei einem einseitigen Erdschluß treten auch in den gesunden Phasen erhebliche Überspannungen auf, die durch den Glimmschutz ebenfalls bekämpft werden, und deren Studium erwünscht war.

In der Versuchsanordnung war besonders die Beherrschung des Oszillographen zu verbessern, damit man den wesentlichen Verlauf jedes Versuches in seiner vollen Länge erfassen konnte. In mühevollen Vorarbeiten im Prüffeld der Dr. Paul Meyer A.-G. erzielte Herr Oberingenieur Dr. Cohn eine Abänderung derart, daß man mit fortlaufendem Streifen bis zu 5 m Länge sicher war, das wirklich aufzuzeichnen, was man erhalten wollte.

Dank dem durch das Staatliche Elektrizitätsamt Cassel bewiesene Entgegenkommen konnten im Januar 1923 noch einmal Versuche in Grone vorgenommen werden, die nun einen wesentlich besseren Erfolg brachten.

Abb. 39 S. 36 zeigt die Versuchsanordnung. In dem Bedienungsgang der Schaltanlage sind aus dem Feld der Leitung Varmissen, unmittelbar vor dem geöffnet bleibenden Freileitungstrennschalter, drei Leitungen zu dem Glimmschutz herausgezogen. Eine von diesen ging weiter zu einem schadhaften Versuchsisolator, der aus der Anlage Grone entnommen und dessen Stütze geerdet war, während um den Kopf herum eine mit der Leitung verbundene Schleife lag. Durch Benetzen wurde die Leitfähigkeit des Isolators bzw. seiner Risse vergrößert, so daß beim Einschalten mittels des Ölschalters in dem betreffenden Schaltfeld ein Lichtbogen auftrat, der mit dem Ölschalter nach kurzer Zeit, im Durchschnitt 10 Perioden = $^1/_5$ Sekunde, abgeschaltet wurde. In Abb. 39 ist hinter dem Glimmschutz der Oszillograph zu sehen, davor ein Gestell mit Widerstandstäben aus einer Kohlemischung (Ocellit) und ein Stromwandler mit dem Übersetzungsverhältnis 20:5. Die Widerstände lagen vor einer zwischen Hochspannung und Erde angelegten Schleife und betrugen bei Messungen an der gesunden Phase 800000 Ohm und bei späteren Versuchen an der kranken Phase 400000 und 300000 Ohm.

Abb. 39.

Die Stromaufnahmen erfolgten entweder an der Hauptleitung oder an der Abzweigung auf der Hochspannungseite des Glimmschutzes mittels Stromwandlers oder auf der Erdseite des Glimmschutzes mittels unmittelbarer Einschaltung oder Nebenschlusses.

An dem Gerüst auf der linken Seite ist hinter dem offenen Feld ein Trennschalter zu sehen, der dazu benutzt wurde, die Erdleitung des Glimmschutzes während des Stehens des Erdschlußlichtbogens abzuschalten.

Abb. 40 S. 38 zeigt Ergebnisse von Schaltversuchen an der gesunden Phase. Die verschiedenen Streifen sind zerschnitten worden, um eine leichtere und sichere Entwicklung zu erzielen, und sind dann wieder nebeneinander gelegt. Bei den Stromaufnahmen ist auch jeweils die Eichung durch Gleichstrom mit aufgezeichnet. Das Schaltungsschema ist unten gegeben. Neben jedem Streifen ist die Nummer und die aus dem Schaltungsschema ersichtliche aufgezeichnete Größe angeschrieben.

Zunächst (Oszillogramm 1) wurde der Erdschluß durch Widerstände stark gedämpft. Die Kurven von Strom und Spannung sind etwas verzerrt, aber im wesentlichen sinusförmig. Der Strom war annähernd um 90° gegen die Spannung verschoben, also wattlos.

Ein derartig gedämpfter Erdschluß erzeugt demnach in den gesunden Phasen keine nennenswerten Störungen.

Mit steigender Größe des Erdschlusses ändert sich der Charakter der Kurve; die Spannung wird glatter und nähert sich der reinen Sinuslinie mit sehr schwach ausgeprägter dritter Harmonischer. Die Stromkurve zeigt eine ganz deutliche, scharf ausgeprägte Wattkomponente in Form einer Spitze (Oszillogramme 2 und 7), gegen die der kapazitive Anteil (der Buckel in der Nähe der Nullinie entsprechend der Zeit des Durchganges der Spannung durch Null) fast völlig verschwindet.

Beim Vergleich der Aufnahmen ist zu berücksichtigen, daß die Erdschlüsse verschiedene Größen haben, weil der auftretende Strom durch die Leitfähigkeit des beschädigten Isolators bedingt war, und letztere mit fortschreitender Zertrümmerung im Verlauf der Versuche und mit dem verschiedenen Zustand der Benetzung und Verschmutzung wechselte. Ein Vergleich der Amplituden ist also selbst dann nicht möglich, wenn die Aufnahmen die gleiche Größe zeigen und die gleiche Empfindlichkeit der Schleifen gewählt ist. In den Oszillogrammen 3 und 4 ist z. B. die Empfindlichkeit der Stromschleifen viel zu groß gewesen, so daß die Schwingungen weit über die Grenze des Papierstreifens hinaus gingen, und daß zum Schluß der Spiegel so weit geschleudert war, daß er erst ganz allmählich in seine Ruhelage zurückkehren konnte.

Bei kleineren Erdschlüssen (Oszillogramm 5) ist die Wattkomponente des Stromes nicht so groß, sondern etwa von der Größenordnung der wattlosen Komponente, während bei Oszillogramm 6 die Wattkomponente erheblich überwiegt. Zu beachten sind die ersten Zacken der Kurve, d. h. die beim Einschalten des Erdschlusses auftretenden Schwingungen. Sie sind in allen Fällen erheblich größer, und wie ein Vergleich von Strom und Spannung zeigt, liegt das Maximum beider an derselben Stelle, ein Beweis für die eingangs gegebene Überlegung über die Wirksamkeit des Schutzes.

Da diese Aufnahmen den ganzen Verlauf eines Versuches zeigen sollten, ist die Geschwindigkeit der Oszillographentrommel verhältnismäßig gering gewesen, so daß sehr schnelle Schwingungen im allgemeinen nicht deutlich aufgezeichnet sind. Immerhin sind solche aus fast allen Oszillogrammen ersichtlich. Auch hier betrug die Periodenzahl etwa 2800 wie bei den ersten Versuchen in Grone.

Versuche mit Erdschluß an der kranken Phase sind in Abb. 41 S. 39 dargestellt. Das Bild ist ein ganz anderes. Die Spannung sucht zunächst anzusteigen, bis der Strom einen erheblichen Betrag erreicht hat, dann sinkt sie auf Null und bleibt so. Die Nullpunkte von Spannung und Strom im Erdkreis oder auf der Hochspannungseite des Glimmschutzes stimmen deutlich überein. Der Erdschluß-

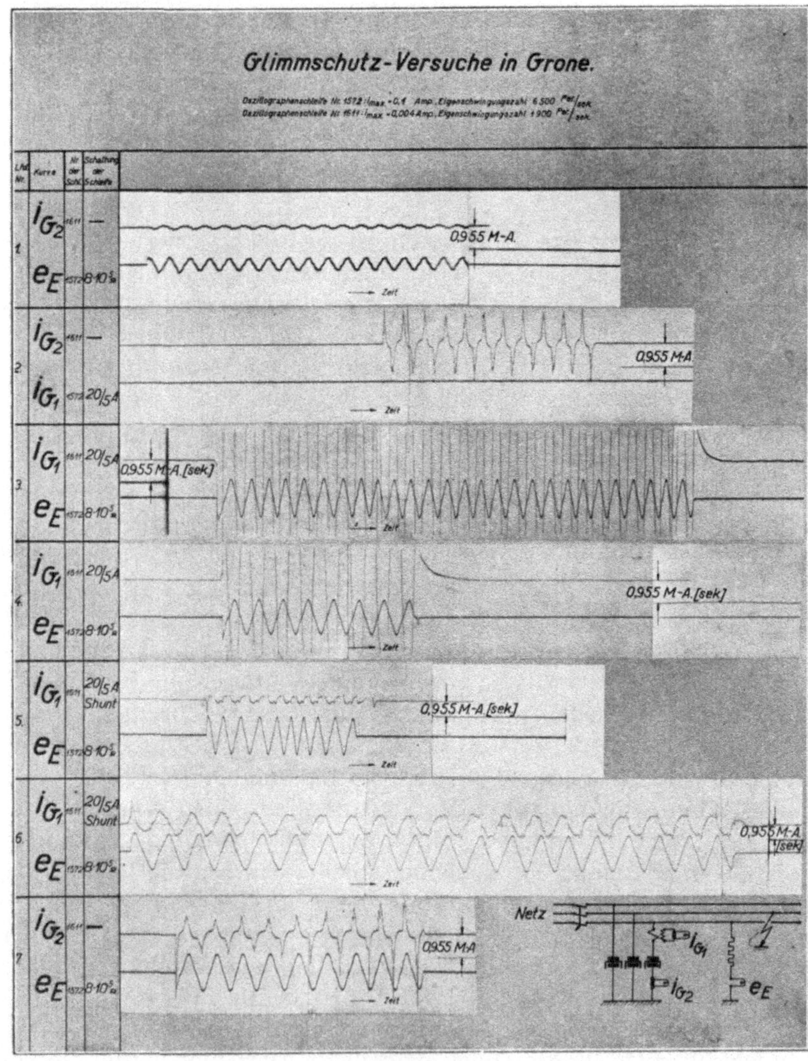

Abb. 40.

ableitungstrom, besonders zu Beginn des Versuches, hat starke mit der betreffenden Spannung in der Phase übereinstimmende, also Wattzacken, die in der Größe den Betrag von 1 Milliampere zum Teil erheblich überschreiten.

Die Oszillogramme 8, 9, 10 geben die Spannung in der erdgeschlossenen Phase und den Ableitungsstrom durch den G-Schutz

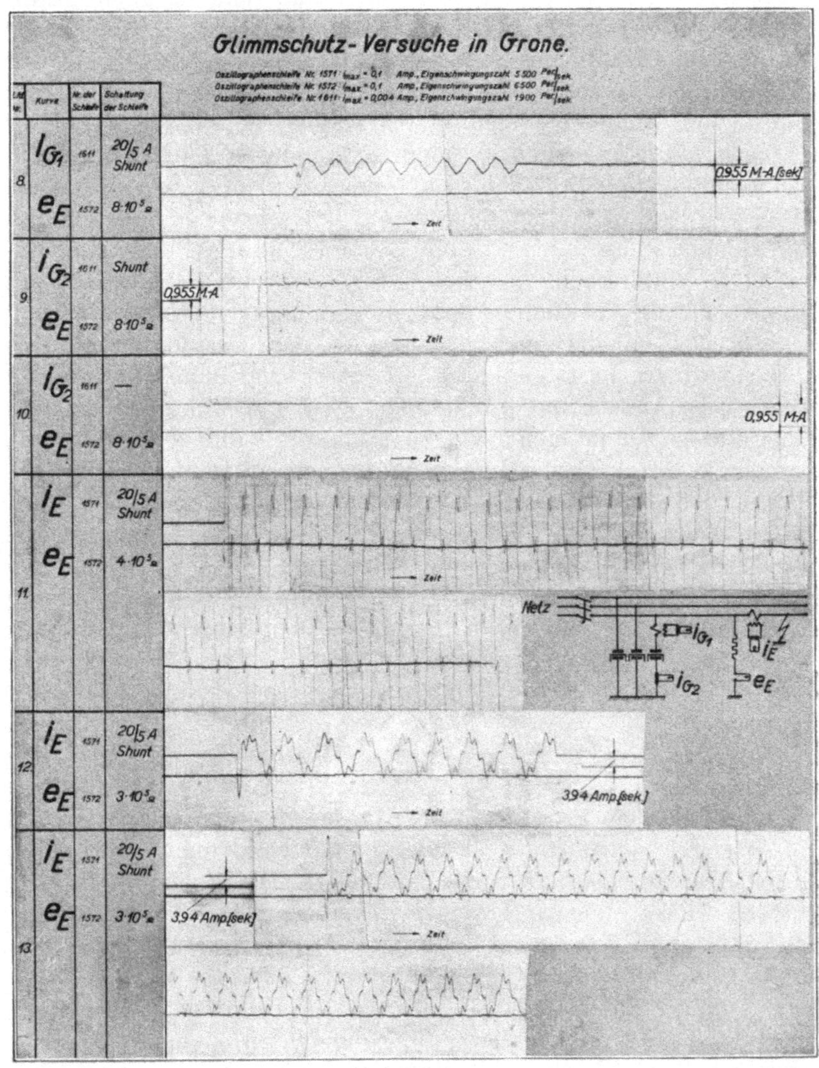

Abb. 41.

auf der Primär- bzw. Sekundärseite; die Aufnahmen 11, 12, 13 zeigen den im Hauptstromkreis zum defekten Isolator fließenden Strom zusammen mit der Spannung der kranken Phase. In Oszillogramm 11 ist die Schleife zu empfindlich gewesen, so daß die

Schwingungen weit über den Papierstreifen hinausgingen, Oszillogramm 12 zeigt die Kurvenform deutlicher: sie weicht von den Aufnahmen bei metallischer Erdung und einphasigem Schutz (Abb. 38 S. 33) ganz erheblich ab; an Stelle einer Kurve annähernd symmetrischer Form mit zwei Schultern ist eine zweizackige Kurve getreten, deren erster Zacken den anderen erheblich übersteigt, und eine kleine Schulter vor dem ersten Zacken.

Es ist auch angestrebt worden, während der Dauer des stehenden Lichtbogens den Glimmschutz außer Betrieb zu setzen und auf diese Weise den Verlauf des Fehlerstromes und der Spannung an der kranken Phase mit und ohne Glimmschutz innerhalb eines Versuches zu vergleichen. Es scheint aber, als ob bei Oszillogramm 12 Abb. 41 S. 39 die Abschaltung des Glimmschutzes (von Hand auf Zuruf) zu früh, also vor der Aufnahme, und bei dem Oszillogramm 13 zu spät, also nach der Beendigung, erfolgt ist. Jedenfalls ist eine sehr wesentliche Abweichung im Charakter der Kurve während der Dauer einer dieser Aufnahmen nicht zu erblicken, wohl aber kann man bei einem Vergleich der Linienzüge 12 und 13 untereinander feststellen, daß in dem Oszillogramm 13, das die Verhältnisse ohne Glimmschutz wahrscheinlich darstellen dürfte, die Spannungswerte bei Durchgang des Fehlerstromes durch Null erheblicher und länger andauernd sind als bei dem Oszillogramm 12, wo die Spannung sofort wieder auf Null heruntergeht, nachdem sie einen ganz kleinen Betrag erreichte. Immerhin sind diese Aufnahmen doch nicht deutlich genug, um weitergehende Schlüsse daraus ziehen zu können.

Aus den Versuchen sind jedenfalls folgende Ergebnisse zu entnehmen:

1. Bei starkem Erdschluß treten in der gesunden Phase Wellen auf, die sich durch starke Wattkomponenten in dem Ableitungsstrom des Glimmschutzes ausgleichen. 2. Die Spannung in der kranken Phase steigt mit dem Nullwert des Stromes ein wenig, wird aber dann, sobald der Erdstrom im Glimmschutz eine gewisse Größe überschritten hat, auf Null herunter gedrückt und bleibt bei diesem Wert, bis der Erdschlußstrom im Glimmschutz ebenfalls durch Null geht. 3. Die Verzerrung der 50 Perioden-Kurve, abgesehen von den schnellen Schwingungen, die besonders zu Beginn des Versuches eintreten, ist bei intermittierendem Lichtbogenerdschluß wesentlich größer und damit die Gefährdung erheblicher als bei metallisch leitendem. 4. Zu Beginn treten, sowohl bei metallischem wie bei Lichtbogenerdschluß, schnelle Schwingungen auf, die starke Wattströme durch den G-Schutz zur Erde entsenden. Die

Periodenzahl dieser Schwingungen dürfte von der Länge der beeinflußten Leitung abhängen. 5. Mit einer gewissen Wahrscheinlichkeit ist bei Ausschaltung des Glimmschutzes ein stärkeres Ansteigen der Spannung in der erdgeschlossenen Phase des Glimmschutzes zu beobachten als bei Einschaltung.

IV. Erfahrungen aus der Praxis.

Es ist außerordentlich schwer, die Wirkung eines Überspannungsschutzes festzustellen, denn der Beweis läuft darauf hinaus, daß ein Ergebnis nicht eingetreten ist, das aber eingetreten wäre, wenn kein Schutz vorhanden. Daß läßt sich natürlich streng überhaupt nicht nachweisen, so daß man auf die Erfahrungen eines längeren Betriebes und auf Schlüsse aus dem Vergleich dieser mit den vor dem Einbau des Glimmschutzes festgestellten Tatsachen angewiesen ist, unter der Voraussetzung, daß während der Betriebszeit des Schutzes dieselben Fehlerquellen in gleicher Stärke wirksam gewesen sind. Auch dies läßt sich nur mit einer gewissen, u. U. ziemlich weitgehenden Wahrscheinlichkeit behaupten.

Die Wirkung des Glimmschutzapparates erweist sich in zwei Richtungen als vorteilhaft:

Sie ist eine anzeigende, insofern Geräusche und Lichterscheinungen das Auftreten von Wellen bezeugen, und eine schützende, insofern Beschädigungen durch diese vermieden werden. Die Anzeige ist unmittelbar zu beobachten, vorausgesetzt, daß während des Eintretens ein Sachverständiger anwesend oder in der Nähe ist. Ob aber mit einer derartigen Anzeigewirkung gleichzeitig eine Schutzwirkung verbunden ist, läßt sich nur auf den geschilderten Umwegen feststellen.

Damit ist bereits eine wesentliche Schwierigkeit für die Sammlung der Erfahrungen berührt worden. Viele Schutzapparate sind in unbewachte Stationen eingebaut, bei denen es auf reinen Zufall zurückzuführen ist, daß einmal jemand gerade dann in das Haus tritt, wenn der Apparat anspricht. Sogar die allgemeinen Verhältnisse im Netz sind in solchen Fällen wenig bekannt. Es ist eine Ausnahme, wenn Aufzeichnungen über Stromstöße gemacht werden, die sich durch Wellen auswirken müssen.

Ein derartiger Fall ist in dem Streifen Abb. 42 S. 42 dargestellt, der aus dem Betriebe der A l l e r - Z e n t r a l e der S t a d t C e l l e, Provinz Hannover, entstammt und mittels Stromwandlers an einer Petersen-Spule aufgenommen ist. Der Streifen zeigt die Erdschlußstromstöße, die an einem Sturmtage in dem Netz der Überlandzentrale Celle auftraten und sich bis zur Zentrale fortsetzten. An dem Ringe, aus dem diese Stöße kamen, lag eine Leitung Thören-Bannetze, die durch Glimmschutz an beiden Enden gesichert war (Abb. 29 S. 28). Die stark gefährdete Leitung wies keine Schäden auf; ob aber solche eingetreten wären, wenn der Glimmschutz nicht vorhanden gewesen, läßt sich natürlich aus einem solchen Einzelfalle nicht feststellen, um so weniger, als es sich hier um eine neu installierte Stichleitung handelt, so daß man über Erfahrungen ohne Glimmschutz nicht verfügte.

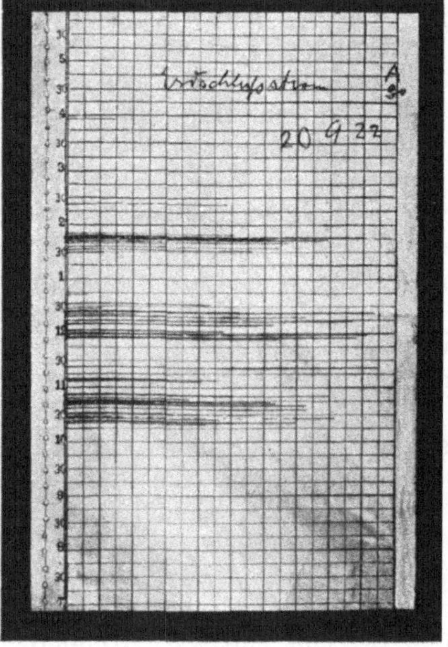

Abb. 42.

Die Versuche müssen sich demnach auf eine statistische Beobachtung der Schäden in den Perioden ohne und mit dem Glimmschutz auf der einen Seite und ein Studium der Anzeigewirkung des Apparates auf der anderen Seite erstrecken. Letzteres Verfahren ist bei weitem einfacher, jedoch nur in bewachten Stationen oder bei zufälliger Anwesenheit eines Wärters beim Ansprechen anwendbar. Es mögen hier einige Tatsachen aus diesem Kapitel erwähnt werden:

Wellen treten in Freileitungsnetzen in erster Reihe durch Erdschlüsse auf, die vorwiegend intermittierender Art sind. Der Hauptgrund liegt in dem Rissigwerden von Isolatoren, einer Erscheinung, die zu bekannt ist, um hier näher besprochen zu werden. Letzteres tritt aber wiederum durch atmosphärische Erscheinungen besonders häufig an Isolatoren auf, in denen bereits innere Spannungen vorhanden, aber noch nicht bis zum Bruch durchgeführt sind, und die durch mechanische Stöße bei Sturm, durch Schwingen der Leitungen zu Bruch gehen, so daß sich die ersten Risse bilden. Sprünge, die bereits vorhanden sind, können durch solche Erschütterungen erweitert oder durch Eindringen von Feuchtigkeit bei Regen und starkem Nebel leitfähiger gemacht werden, so daß Stromübergänge eintreten, die wieder lokale Erwärmungen und weitere Verstärkungen der Reißgefahr hervorrufen.

An sich sollte man annehmen, daß das Springen dieser Isolatoren unabhängig von der Jahreszeit, vielleicht sogar eher durch Frost im Winter hervorgerufen sein könnte, so daß man mit einer gleichmäßigen Verteilung der Schäden auf die verschiedenen Monate oder einer Häufung im Winter rechnen müßte. Es scheint aber, als ob die Schäden sich im Sommer öfter zeigen als im Winter, und das dürfte auf die genannten Erscheinungen zurückzuführen sein, zu denen auch noch ein Einfluß von Gewittern kommt.

Letztere treten im allgemeinen nur im Sommer auf; in vereinzelten Fällen sind jedoch auch Wintergewitter beobachtet worden (s. u. Königsee). Unmittelbare Blitzschläge in eine Leitung führen solche Energiemengen, daß eine Beschädigung an dem betreffenden Punkte stattfindet und die Energie sich dabei zur Erde entlädt (Zertrümmerung von Isolatoren, Verbrennen von Leitungen, Zersplittern von Holzmasten usw.). Das, was in die Stationen eindringen kann, sind nicht die Blitzschläge unmittelbar, sondern Wanderwellen, die durch die plötzliche Energieentladung angestoßen und freigemacht werden, und solche induzierten Wellen sollen gerade durch den Schutz bekämpft werden. In bewachten Stationen sind Beobachtungen des Ansprechens von G-Schützen bei Entladung von Gewittern häufiger gemacht worden; in vereinzelten Fällen gleichzeitig das Einschlagen eines Blitzes unmittelbar in die Leitung und das Ansprechen des Schutzes durch starke, bei Tageslicht sichtbare Glimmentladungen (Bericht des Betriebsführers Finsterer, Schaltstation Starnberg der Isarwerke). Wenn in denselben Anlagen unter denselben Verhältnissen ohne den Schutzapparat eine Beschädigung regelmäßig oder in den meisten Fällen stattgefunden hat und bei den beobachteten Fällen, wie es tatsächlich vorliegt, keine Schäden eintraten, so erscheint die Schlußfolgerung berechtigt, daß eine Schutzwirkung des Apparates vorhanden ist. Eine andere atmosphärische Erscheinung, die Wellen erzeugen kann und bisher wenig oder gar nicht beobachtet worden ist, ist die Bildung von Hagel, der die Schloßen an der Leitung entlang treibt (Ansprechen beobachtet in der Schaltstation Selbeck des Rheinisch-Westfälischen Elektrizitätswerks) und Schneetreiben im Winter (beobachtet in der Transformatorenstation Ullersdorf a. d. Biele, vgl. Abb. 33, S. 29).

Bei Kabelnetzen treten Erdschlüsse durch Bodenbewegungen oder Fehler in den Muffen (Montagefehler, wie verbrannte Ausgußmasse) bisweilen auf und führen zu Lichtbögen, die ebenfalls intermittierende Wellen hervorrufen. Diese Wellenerscheinungen sind demnach unabhängig von der Jahreszeit. Es ist aber auffällig, daß bei Kabelnetzen, die induktiv mit Freileitungen gekoppelt sind, nach Aussagen der Betriebsleitung in den betreffenden Stationen die Schutzapparate im Sommer erheblich häufiger ansprechen als im Winter, und zwar in unmittelbarem Zusammenhang mit atmosphärischen Erscheinungen, besonders Gewittern. Das läßt darauf schließen, daß die Wellen sich in recht erheblichem Maße über die Transformatoren von dem Freileitungsnetz in das Kabelnetz übertragen und letzteres gefährden können, eine Erscheinung, die bei den Stationen Kettwig v. d. Br. des Rheinisch-Westfälischen E. W. und Königsee in Thür. besonders deutlich beobachtet worden ist, und für die im übrigen auch andere Betriebserfahrungen vorliegen, z. B. das Eintreten von Windungsschlüssen an Spannungswicklungen (Nullspannungsmagnete, Zähler, Voltmeter) auf der Niederspannungsseite größerer Freileitungsnetze, besonders dann, wenn letztere keinen starken Überspannungsschutz auf der Hochspannungsseite besaßen. Man kann daher durch Einbau des G-Schutzes auf letzterer unter Umständen die Wellenschäden der Niederspannungsseite beseitigen oder verringern.

Nach diesem Überblick über die Ursache der Wellen mögen einige Andeutungen über die Beobachtung ihrer Wirkung am Glimmschutz gemacht werden:

In der Schaltanlage des E. V. Gröba befindet sich ein Sammelschienenglimmschutz (Abb. 43), der häufig durch Ansprechen das Auftreten von Wellen gemeldet hat. Der Apparat arbeitet in der Anlage gleichzeitig mit einer Fehlersirene. Jedesmal, wenn diese ansprach, war auch ein Zischen des Glimmschutzes zu hören gewesen, so daß die Übereinstimmung deutlich kenntlich ist. In vereinzelten Fällen erwies sich der Glimmschutz als empfindlicher, da er noch ansprach, wenn die Sirene ruhig blieb. Das Geräusch war so intensiv, daß es von dem Schalttafelwärter auf eine Entfernung von etwa 20 bis 25 m durch eine geschlossene Tür gehört wurde, obwohl die Aufmerksamkeit nicht darauf gerichtet war. Ein derartiger Fall lag am 12. 5. 22 um 6^{30} nachmittags vor. Der Schutz kreischte so lebhaft, daß er trotz des Heulens der Sirene und geschlossener Tür gehört wurde. Es stellte sich heraus, daß bei Zeithain in einer Entfernung von 7 km von Gröba ein Isolator schadhaft geworden und dadurch ein Mastbrand

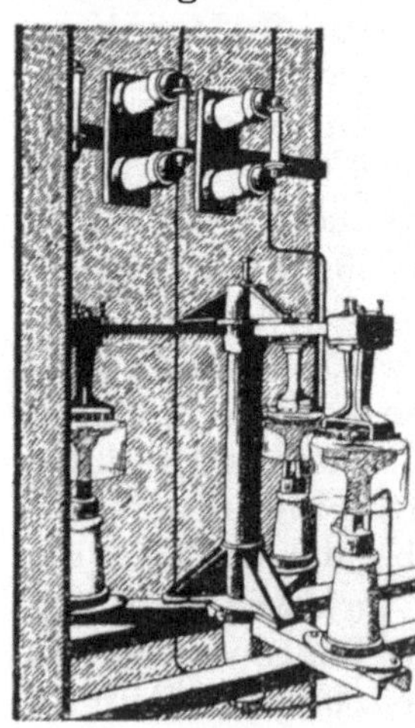

Abb. 43.

verursacht war. Der Erdstrom war so gering, daß er am Amperemeter nicht beobachtet werden konnte. Die Wellen dagegen zeigten bereits das Auftreten einer Störung an.

Am 17. 5. 22 nachmittags 2^{45} trat ein ähnlicher Fall in der Freileitung Zaußwitz ein. Der Schutz wurde aus einer Entfernung von etwa 30 m durch eine geschlossene Tür bei gleichzeitigem Heulen der Sirene deutlich gehört; der Erdschluß war ganz leicht. Die Leitungen wurden einzeln abgeschaltet, bis man durch Aufhören des Ansprechens die fehlerhafte Strecke herausgefunden hatte; dies war bei der dritten Schaltung der Fall. Eine Untersuchung zeigte, daß ein Isolatorschaden im Dorfe Lonnewitz etwa 40 km von der Schaltanlage Gröba entfernt vorgekommen war. Von der ersten Anzeigewirkung bis zur Schaltung ist immerhin erhebliche Zeit vergangen, in der die Wellen im Netz umher liefen; weitere Schäden sind nicht aufgetreten; die Hörner, die zum Glimmschutz parallel lagen, haben nicht angesprochen (Bericht Nr. 60 vom 19. 5. 22 bestätigt vom E. V. Gröba am 27. 6. 22).

Das Rheinisch-Westfälische Elektrizitätswerk teilte über eine Beobachtung in der Schaltstation Kettwig v. d. Br. unter dem 28. 2. 22 folgendes mit:

„Bezugnehmend auf Ihr obiges Schreiben und die seinerzeit geführte Unterredung mit Ihrem Herrn Oberingenieur Hoffmann teilen wir Ihnen mit, daß wir am 24. ds. Mts. ein Ansprechen des G-Schutzes in unserer Schaltstelle in Kettwig v. d. Br. (10000 Volt) gelegentlich von Schalt- und Parallelbetriebsvorgängen beobachtet haben. Unser Hauptspeisekabel nach Kettwig war durchgeschlagen. Die Wasserkraftzentrale Scheidt mußte über eine sehr lange Kabelstrecke mit unserem Hauptwerk parallel arbeiten. Bei diesem Parallelarbeiten traten Pendelungen auf, die solchen Umfang annahmen, daß starke Schwankungen im Lichtnetz bis nach Mülheim beobachtet wurden unter gleichzeitigem wiederholten starken Ansprechen des G-Schutzes. Da uns zunächst die Ursache für das Ansprechen des Schutzes nicht recht ersichtlich war, vermuteten wir einen Erdschluß im 10000 Volt-Netz und schalteten deshalb die Kabelstrecken nacheinander ab. Das Arbeiten des G-Schutzes hörte jedoch erst auf, nachdem das parallelarbeitende Wasserwerk Scheidt abgeschaltet hatte.

Die Tatsache, daß infolge unruhigen Parallelbetriebes der G-Schutz zum Ansprechen kam, läßt zweifellos den Schluß zu, daß Überspannungen vorhanden gewesen sind. Ob bei einem Fehlen des G-Schutzes Schäden an unseren Netztransformatoren oder sonstigen Einrichtungen aufgetreten wären, läßt sich naturgemäß nicht mit Bestimmtheit sagen. Wir werden den G-Schutz weiter beobachten und Ihnen markante Fälle umgehend mitteilen, da wir selbst ein großes Interesse an der Klärung der Überspannungsschutzfrage haben."

Vorstehende Beobachtungen zeigen mit voller Deutlichkeit die Anzeigewirkung des Apparates, so daß er als Ersatz von Fehlersirenen wohl verwendet werden kann, und daß er sich als geeignet erweist, entstehende Störungen schon zu Beginn deutlich erkennen zu lassen, ehe sie eine solche Ausdehnung gewonnen haben, daß Ölschalter herausfallen. Es wird vom Standpunkte des Betriebsleiters zu erwägen sein, wie weit er solche Anzeichen kommender Schäden bereits berücksichtigt oder sie nicht erst anwachsen läßt. Zur Vermeidung einer Beeinflussung von Fernsprech- und Telegraphenleitungen wäre natürlich eine sofortige Beseitigung solcher Stromübergänge zur Erde beim ersten Auftreten von Anzeichen erwünscht.

Hier folgen einige Anhaltspunkte über Nachweise der Schutzwirkung:

Zunächst die Beobachtung über gleichzeitigen Betrieb von Hörnern und Glimmschutzapparat. In der Station Fürstenwalde des Märkischen E. W. (Abb. 31, S. 29) sind an derselben Freileitung beide Schutzarten parallel geschaltet. Die Hörner hatten vor dem Einbau des Glimmschutzes bisweilen angesprochen, nachher nicht mehr. Es scheint also, daß dieser dem Hörnerschutz seine Wirkung vollständig vorweg nimmt.

Abb. 44.

Eingehendere Erfahrungen hierüber liegen aus der Schaltstation Starnberg der Isarwerke (Abb. 44) vor, bei der zwei Freileitungen von Weilheim und Schäftlarn mit 20 kV einmünden und über Drosselspulen, Ölschalter mit unüberbrückten Auslösern und Hochspannungsstrommesser auf die Sammelschienen arbeiten, an denen gemeinsam mit den Transformatoren der Glimmschutz liegt. Unmittelbar an den Einführungen befinden sich

Hörner, und zwar ein Grobschutz und ein Feinschutz. Nachdem zunächst beobachtet war, daß diese fast gar nicht mehr ansprachen und bei einem unmittelbaren Blitzschlag in die Leitung die Wirkung des Glimmschutzes deulich beobachtet war (s. o.), wurden Wollfädchen an sämtlichen Hörnern angebracht und durch den Betriebsführer von Zeit zu Zeit nachgesehen. Die Station ist Gewittern unterworfen, die bei der Führung der Leitung über Höhenrücken und in unmittelbarer Nähe der großen Wasserfläche des Starnberger Sees ziemlich heftig auftreten. Die Beobachtung des ganzen Sommers 1922 zeigte, daß an jeder Leitung ein Horn je einmal angesprochen hatte, während bei den vielen sonst in Frage kommenden atmosphärischen Entladungen die Wollfäden unverletzt geblieben waren, also wohl auch in all den Fällen, in denen eine unmittelbare Inaugenscheinnahme unmöglich war, der Glimmschutz gearbeitet hat. Daß bei den zwei anscheinend besonders starken Beanspruchungen die Hörner zum Ansprechen kamen, dürfte darauf zurückzuführen sein, daß der Glimmschutz durch zahlreiche Induktivitäten von der ankommenden Freileitung getrennt war.

Recht deutlich ist ein Bericht des Städtischen E. W. Vöhrenbach vom 7. 9. 22, der in seinen wesentlichsten Punkten nachstehend wiedergegeben ist:

„In der Leitung waren bisher normale Blitzschutzhörner mit Kohlewiderständen eingebaut. Auf der Strecke über den etwa 300 m hohen Berg haben wir andauernd schwere Gewitter und Entladungen. Jeden Tag hatten wir Störungen schwerster Art, und zuletzt verbrannte uns ein 100 KVA. Transformator total. Der Unterzeichnete hat nun mit Herrn Kunz von Villingen eine Unterredung herbeigeführt und wurde von Herrn Kunz der G-Schutz empfohlen, außerdem besprachen wir uns dahin, daß auf der Höhe ein separater Schutz eingebaut werden soll. In Villingen lag ein solcher G-Schutz auf Lager und wurde sofort am Anfang der Leitung eingebaut. In der Transformatorenstation ist der Anschluß von Laufenburg für eine Fabrik. Die Einrichtung besteht aus einem Transf. 15000/500 Volt 100 KVA. Um mit Laufenburg keine Verhandlungen anzuknüpfen, haben wir uns entschlossen, die 500 Volt auf 6000 Volt zu transformieren und über den Berg zu leiten. Aus diesem Grunde wurde an die eigentliche Station von Laufenburg eine weitere Station angebaut (aus Holz) und daselbst ein Transformator von 100 KVA. 500/6000 Volt, Hörnerblitzschutz, sowie die vorschriftsmäßigen Niederspannungssicherungen eingebaut. Mit dem Moment, als Ihr G-Schutz (an Stelle des Hörnerschutzes) eingebaut war, waren

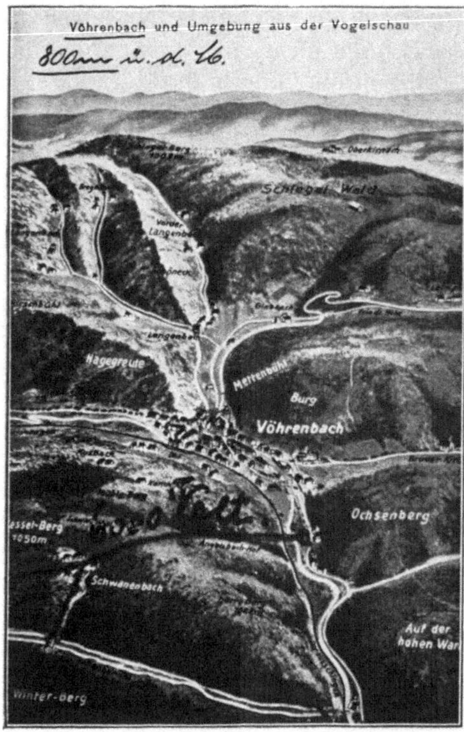

Abb. 45.

sämtliche Störungen vorbei, trotzdem ganz schwere Gewitter über die Höhe zogen. Um nun ganz sicher gegen Störungen zu sein, wurde in die Endstation (6000/220/127 Volt) ein weiterer G-Schutz eingebaut.

Zu diesem Punkt können wir also zusammenfassend sagen, daß Ihr G-Schutz einzig und allein in der Lage war, die Überspannungen durch Blitzschlag herangerufen so abzuleiten, daß eine weitere Störung nicht mehr vorgekommen ist."

Abb. 45 gibt an Hand einer Ansichtskarte ein Bild der Leitungsführung über den Höhenrücken, Abb. 46 eine Aufnahme, die zeigt, wie

Abb. 46.

die Freileitung von Vöhrenbach steil auf den Rücken empor geht und oben über freie Flächen hinweg geführt ist.

Bei einem Besuch des Verfassers am 16. 10. 22 wurde mitgeteilt, daß auch fernerhin seit dem Schreiben vom September mehrere Gewitter aufgetreten, aber keinerlei Beschädigungen vorgekommen seien.

Einem Briefe vom Elektrizitätswerk Innien G. m. b. H. aus Neumünster vom 27. 9. 22 sind folgende Ausführungen entnommen:

„Da wir bisher keinen genauen Betriebsbericht geführt haben, sind wir leider nicht in der Lage, genaue Daten anzugeben. Jedenfalls hatten wir vor Einbau des Glimmschutzes sehr oft Störungen, die auf Gewitter und Überspannungen zurückzuführen waren. So sind zum Beispiel im vorigen Jahr zwei Drehstromtransformatoren durchgeschlagen infolge Auftretens von Überspannungen, ebenfalls im Dezember 1920 unser Scottwandler.

Ferner hatten wir November 1920 einen Kabeldurchschlag im Überführungskabel Kraftwerk Tungendorf, dasselbe an der Kabelunterführung Aspe-Innien. Weitere Störungen traten vor dem Einbau des Glimmschutzes auch in den Blechtransformatorenhäusern Bezirk Innien auf. Die Hochspannungsleitung liegt auf Rillenisolatoren, es fanden öfter Überschläge statt von den Leitungsträgern an die Blechwände der Häuser, wodurch durch Nacheilen des Netzstromes Schalter ausgelöst wurden.

Infolge dieser Störungen begrüßten wir das Erscheinen Ihres Glimmschutzes und bauten diesen im April dieses Jahres ein. Kurz nach Inbetriebnahme desselben trat ein Defekt auf, der unsere Scottwandler durchschlug. Ursache war das Fehlen der Glasglocken, die irrtümlicherweise nicht aufgesetzt waren. Die Beschädigung des Glimmschutzes war gering, da nur einige Brandstellen entstanden waren, die mit Hilfe einer Messerfeile entfernt wurden.

Nachdem der Glimmschutz ordnungsmäßig wieder hergestellt war und derartig eingestellt, daß in der Dunkelheit blaue Flammenfäden auftraten, sind heute Störungen ähnlicher Art wie vorher nicht mehr aufgetreten, trotzdem wir in diesem Sommer öfter als im vorigen Jahr Gewitter hatten und sechsmal Blitzschläge in unsere Fernleitung hatten, haben wir keinen Schaden gelitten.

Wir können nicht umhin, zu bemerken, daß der Einbau des Glimmschutzes uns zur großen Beruhigung dient; sobald die Netzspannung überschritten wird, spricht der Schutz etwas an und macht sich bemerkbar durch leises Knistern.“

Dieses Werk versorgt eine in den Marschen gelegene Gegend mit stark verstreuten Dörfern und rein landwirtschaftlicher Abnahme. Die in dem Bericht erwähnte Übergabestation Tungendorf, die den Strom vom E. W. Neumünster abnimmt und als Freileitung weiter gibt, ist in Abb. 47 dargestellt. Der obere, pyramidenartige Teil, an dem die Freileitungen münden, enthält Sammelschienen und Glimmschutz (Abb. 48) in einem Raum, der die Unterbringung irgendeines anderen Schutzes keinesfalls ermöglicht hätte. An der Einführung sitzen Trennschalter, von dort gehen die Leitungen durch den in geradliniger Anordnung gebauten Glimmschutz hindurch, über Drosselspulen zu den Sammelschienen, und von dort herab zur Schaltanlage, die in dem darunter liegenden Stockwerk eingebaut worden ist.

Abb. 47.

Die in dem Bericht erwähnte Kabelunterführung Aspe (Abb. 49) dient dazu, die 6000 Volt-Leitung unter der Reichsbahnstrecke Neumünster — Rendsburg hindurchzuführen. An den Masten waren die Kabelendverschlüsse ursprünglich hoch oben angebracht. Bei fast jedem Gewitter schlug vor Einbau des Glimmschutzes das Kabel unterhalb eines der Endverschlüsse durch, so daß es abgeschnitten und der Endverschluß niedriger gesetzt werden mußte. So wanderte er allmählich immer tiefer, und die blanken Verbindungsleitungen mußten mit den in der Abb. 49 sichtbaren Holzkästen umkleidet werden. Nach dem Einbau des Glimmschutzes kam eine weitere Beschädigung nicht mehr vor, so daß ein Anstücken an die Holzkästen nicht erforderlich wurde.

Abb. 48.

Abb. 49.

Die Erfahrung veranlaßte das E. W. Neumünster zum Einbau eines solchen Glimmschutzes in die Übergabestation an den Zweckverband der Provinz Holstein (Abb. 50).

Eine Auskunft vom Städtischen Elektrizitätswerk und Überlandzentrale Königsee in Thür. vom 9. 12. 22 an eine anfragende Firma lautet wie folgt:

Abb. 50.

„Unsere Überlandzentrale, welche sich auf dem Kopfe des Thüringer Waldes befindet, hatte dauernd unter Blitz- und Überspannungsschäden zu leiden, trotzdem wir von der Firma Siemens-Schuckert Werke G. m. b. H. Berlin mehrfach Überspannungsschutz eingebaut hatten, bestehend aus Feinschutz, geschaltet Phase gegen Phase mit Ölwiderständen und Grobschutz, bestehend aus Hörnerableitern mit Emaillewiderständen. Wir hatten trotz dieses Schutzes schwere Reparaturen an Generatoren und Transformatoren und zwar in jedem Jahr nicht einmal, sondern mehreremal. Bei einer zufälligen Gelegenheit weilte unser Betriebsleiter Herr Wenzel bei der Firma Dr. Paul Meyer A.-G. Berlin und brachte dabei in Erfahrung, daß diese einen besonderen Hochspannungschutz, den sogenannten Glimmschutz, baut. Derselbe wurde unserem Betriebsleiter vorgeführt, selbiger entschloß sich auch sofort, mehrere dieser Glimmschütze zu kaufen. Einer von denselben wurde bereits im Monat Juni d. J. an einer Stelle eingebaut, an der die meisten Überspannungen auftraten und der Transformator in jedem Jahre mindestens zweimal Beschädigungen erlitten hatte. Nach Einbau des Glimmschutzes nahmen wir wahr, daß bei schweren Nebeln und Gewitter hohe Glimmentladungen auftraten, trotzdem blieb die Spannung konstant, Schwankungen wie vordem waren nicht mehr wahrzunehmen. Trotz dieser schweren Entladungen, die sich an dem Glimmschutz zeigten, blieb der Transformator unbeschädigt, und müssen wir bis zum heutigen Tage sagen, daß Beschädigungen an Transformatoren und Generatoren ausgeblieben sind. Wir können nur jedem Werk, das unter solchen Überspannungen zu leiden hat, den Glimmschutz aufs Wärmste empfehlen, denn bei den heutigen teueren Reparaturen macht sich der Glimmschutz in ganz kurzer Zeit bezahlt."

Abb. 51 zeigt den Einbau zweier Apparate in der Transformatorenstation Königsee. Auf einem verhältnismäßig kleinen Raum stehen dort drei solcher Schutzapparate für drei Freileitungen eingebaut.

Die meteorologischen Verhältnisse dieser Anlage sind so interessant, daß sie etwas ausführlicher besprochen werden sollen.

Die allgemeine Lage ist durch den Kartenausschnitt Abb. 52*) dargestellt. Von Blankenburg in Thür. zieht sich in süd-westlicher Richtung das Schwarzatal und zunächst in rein westlicher und dann west-süd-westlicher Richtung das Rinnetal über Rottenbach nach Königsee hinauf. Zwischen beiden befindet sich ein Höhenzug, der mit einer kahlen Kuppe bei Böhlscheiben in der Nähe von Blankenburg endigt und sich parallel zu beiden Tälern nach Südwesten erstreckt, um hinter Königsee bogenförmig einen Kessel, den oberen Teil des Rinnetals, zu umschließen. Die Höhenunterschiede sind recht erheblich. Königsee liegt 370 m hoch, Rottenbach 280 m, von da geht es in verhältnismäßig kurzer Entfernung nach Böhlscheiben

*) Nach Andrees Handatlas (Verlag von Velhagen & Klasing in Bielefeld u. Leipzig).

auf 640 m hinauf. Westlich und südlich von Königsee gehen Freileitungen in Höhen von 600 bis 650 m ebenfalls über freie Kuppen.

Die Störungen sind im allgemeinen durch Gewitter hervorgerufen, und zwar nicht nur im Sommer, sondern auch häufig im Winter. Im Sommer steigen an warmen Regentagen aus beiden Tälern Nebel empor. Wenn sie hochkommen, entwickeln sich starke Gewitter, besonders wenn die Nebelwolken gegen einen Berg ziehen. Die größte Störungsstelle ist Böhlscheiben, wo die Gewitter beider Täler sich vereinigen. Wintergewitter kommen meist Ende Januar und Anfang Februar vor.

Abb. 51.

Vor dem Einbau des Glimmschutzes in der beobachteten Zeit von 1918 ab sind durchschnittlich ein bis zweimal im Sommer Ge-

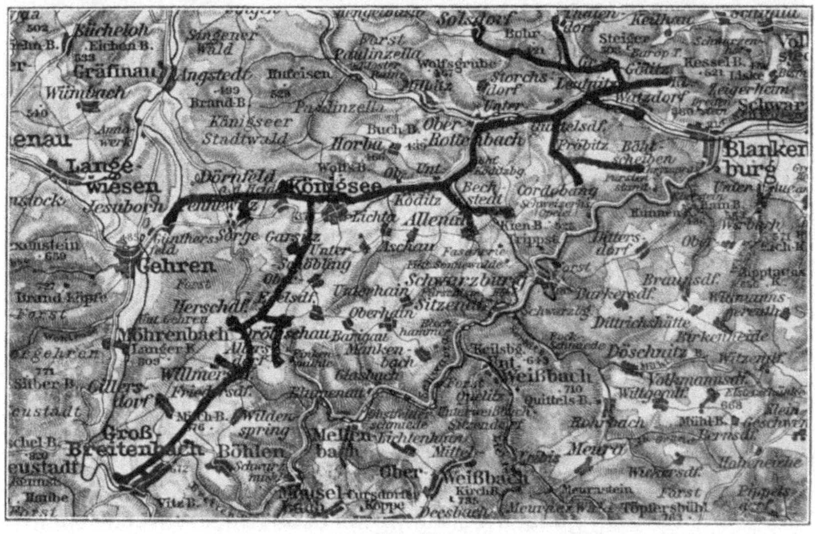

Abb. 52.

neratorenschäden vorgekommen, während die den Wellen zunächst ausgesetzten Transformatoren, die die Generatorspannung von 5000 auf 15000 Volt für die Freileitung erhöhen, unbeschädigt blieben.

Außerdem waren durch einen Sterndreieckschutz häufig Betriebsstörungen sekundärer Art hervorgerufen, indem bei Ansprechen dieses Apparates die Spannung fast auf Null herunter sank und die Motoren der dortigen Kleinindustrie in der Tourenzahl soweit abfielen, daß beim Wiederkehren der Spannung nach Abreißen des Lichtbogens die Sicherungen durchgingen.

Bei einem starken Gewitter hatte der Betriebsleiter Gelegenheit, die Wirkung des Apparates in einem Transformatorenhäuschen bei Rottenbach zu beobachten. Er sah ein Prasselfeuer, das von betäu-

Abb. 53.

bendem Knallen begleitet war und die im Versuchsraum der Dr. Paul Meyer A.-G. gezeigten Entladungen in der Heftigkeit weit übertraf. Die blauen Funken umschlossen die Glocken ringsherum, ohne daß es zu einem tatsächlichen Erdschluß kam.

Es ist dies der einzige beglaubigte Fall, in dem Prasselfeuer eingetreten ist, während alle sonstigen Beobachtungen mehr oder weniger schwache Glimmerscheinungen zeigten.

Trotz dieses lebhaften Ansprechens sank an keiner Stelle des Netzes die Spannung nennenswert; die erwähnten Sekundärerscheinungen blieben aus. Im Hauptwerk Königsee, das 7 km entfernt war, war von dem ganzen Vorfall nichts beobachtet worden. Gleichzeitig fanden Einschläge auf den Leitungen Böhlscheiben-Rottenbach und Rottenbach-Königsee statt, die erhebliche Teile der Masten zersplitterten. In Abb. 53 ist ein Teil der aus dem Rinnetal bei Quittelsdorf aufsteigenden Freileitungen auf der ersten Bergterrasse dargestellt, Abb. 54 zeigt die Fortsetzung über einen kahlen Rücken in größerer Höhe nach Böhlscheiben hinauf. Es ist leicht verständlich, daß Gewitter, die über diese Höhenzüge hinweggehen oder an ihnen hängen bleiben, starke Störungen in der Anlage hervorrufen müssen.

Aus den Betrieben des Rheinisch-Westfälischen Elektrizitätswerks Essen stammen die Abb. 55 Schaltstation Kettwig v. d. Br. (10 kV Kabel) und Abb. 56 Schaltstation Selbeck, Übergang von der Freileitung (25 kV) auf Kabel für 10 kV, sowie die Anlage Borbeck

Abb. 54.

(Abb. 30 S. 28) (5 kV). Die drei Anlagen bilden ein Dreieck in einer Entfernung von 5 bis 15 km vom Kraftwerk Essen.

In einem Brief der Betriebsverwaltung Essen vom 28. 2. 22 wird hierüber folgendes mitgeteilt:

„Wie Ihnen hinreichend bekannt ist, haben wir vor dem Einbau Ihres G-Schutzes in unseren Unterstationen Kettwig v. d. Br. und Selbeck Überschläge gehabt, die nach dem Einbau Ihres G-Schutzes nicht wieder aufgetreten sind.

Schädliche Nebenerscheinungen, die bei fast allen anderen bei uns in Betrieb befindlich gewesenen Überspannungsschutzapparaten aufgetreten sind, wurden an Ihren Glimmschutzapparaten bisher nicht beobachtet.“

Die Apparate sind jetzt von der Anlage ausgebaut und versuchsweise in der Zentrale selbst installiert, um ihre Wirkung bei sehr großer Kurzschlußleistung ohne jede Dämpfung zu beobachten.

Abb. 55.

Nach der bisher gegebenen Erläuterung der Wirkung dürfte letzteres nicht den geringsten Einfluß haben, so daß von diesen Versuchen gute Ergebnisse zu erwarten sind.

Die einzige statistische Zusammenstellung der atmosphärischen Erscheinungen und Schäden in einem Netz entstammt der Anlage Gröba, die unter außerordentlich ungünstigen Witterungsverhältnissen arbeitet, so daß besondere Aufzeichnungen gemacht werden. Die Betriebsbücher geben darüber sehr wertvolle Aufschlüsse, und Herr Obering. Matthäus hatte die Liebenswürdigkeit, das Material — einer Anregung des Verfassers folgend — in graphischer Form zu verarbeiten (Abb. 57). Als Abszissen sind hier die Tage vom 1. 1. 22 bis zum Abschluß der Statistik am 20. 9. desselben Jahres aufgetragen. Über der wagerechten Linie befinden sich senkrechte Striche, von denen jeder einen Betriebsschaden darstellt, z. B. Wellen oder Auslösung von Ölschaltern durch rissige Isolatoren oder mutwillig durch Hineinwerfen von Drähten verursachte Erdschlüsse usw. Wenn an einem Tage ein dreifach so langer Strich aufgezeichnet ist, so bedeutet dies, daß drei derartige Schäden am Tage aufgetreten sind, z. B. am 2. 1. und am 26. 5.

In einer höheren wagerechten Linie sind mit runden Kreisen die Gewittertage angegeben, und weiter oben mit kleinen Kreuzen die Sturmtage. Die Gewitter drängen sich im Sommer zusammen, während Sturm auch im Winter vorkommt.

Der Glimmschutz wurde am 3. 5. eingeschaltet und ist nach einiger Zeit durch das Zerstäuben der vorgeschalteten Meßtransformatorensicherungen (s. a. S. 26) abgeschaltet worden; wahrscheinlich ist das vor dem 17. 5. geschehen. Der Zeitpunkt der Ausschaltung ist also nicht genau festzustellen. Es folgt ein Betrieb ohne Glimmschutz bis zum 4. 7., sodann war der Schutz wieder mit einer Einstellung von 14 mm in Betrieb.

Abb. 56.

Eine Durchsicht des Diagramms zeigt, daß Sturm und Schäden häufig zusammenfallen. Die Ursache ist früher erwähnt und leicht verständlich. Gewitter und Schäden fallen zusammen: am 17. 5. (Glimmschutz wahrscheinlich außer Betrieb), am 26. 5., 17. 6. (Glimmschutz außer Betrieb). Dagegen ist in den Zeiten, in denen der Glimmschutz sicher in Betrieb war, niemals eine zeitliche Übereinstimmung eines Schadens mit einem Gewitter festzustellen. Mindestens ist der Schaden erst einen Tag nach dem betreffenden Gewitter aufgetreten. Diese Feststellung dürfte es zur Wahrscheinlichkeit machen, daß die absaugende Wirkung des Glimmschutzes kräftig genug ist, um die bei einem Gewitter auftretenden Wellen soweit unschädlich zu machen, daß sie bereits angefangene Risse an Isolatoren nicht zum Durchbruch bringen, während sonst die Wellen, welche vom Gewitter erzeugt sind, sofort die Beschädigung hervorrufen.

Wesentlich deutlicher ist diese Erscheinung wohl aus nachfolgendem Bericht des E. V. Gröba vom 25. 10. 22 zu entnehmen, der durch Abb. 58 veranschaulicht ist:

„Nachstehend übermitteln wir Ihnen dann noch einen Bericht unserer Betriebsabteilung vom 2. Oktober über einige mit dem Glimmschutz gemachten Erfahrungen.

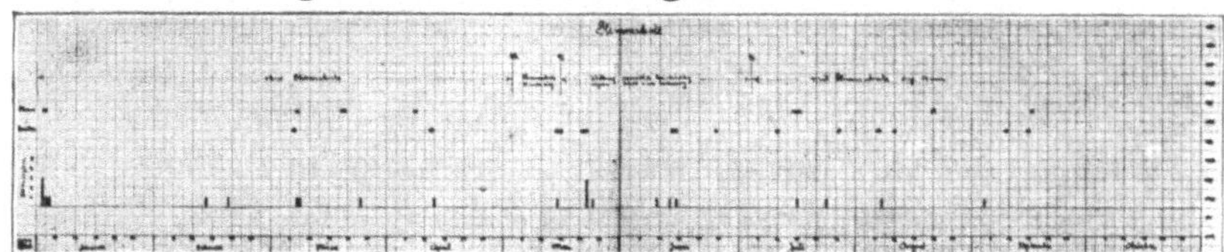

Abb. 57.

„Am Sonntag den 24. September war die 60 kV Anlage vollständig abgeschaltet. Die 15 kV Strecken Röderau und Nickritz wurden deshalb von der Station Strießen gespeist. 7^{28} vorm. zeigte die Sammelschiene I Erde. Die Erdschlußsirene heulte stark und der Glimmschutz zischte deutlich hörbar. In der Station Strießen ertönte ebenfalls die Erdschlußsirene. Der Erdstrom war aber sehr schwach und auf den Amperemetern nicht zu bemerken. Zur Feststellung der Fehlerstrecke wurde deshalb im Schalthaus Gröba die Strecke Nickritz von Hand abgeschaltet. Die Erde blieb bestehen. Es wurde nun der Ölschalter der Strecke Röderau und

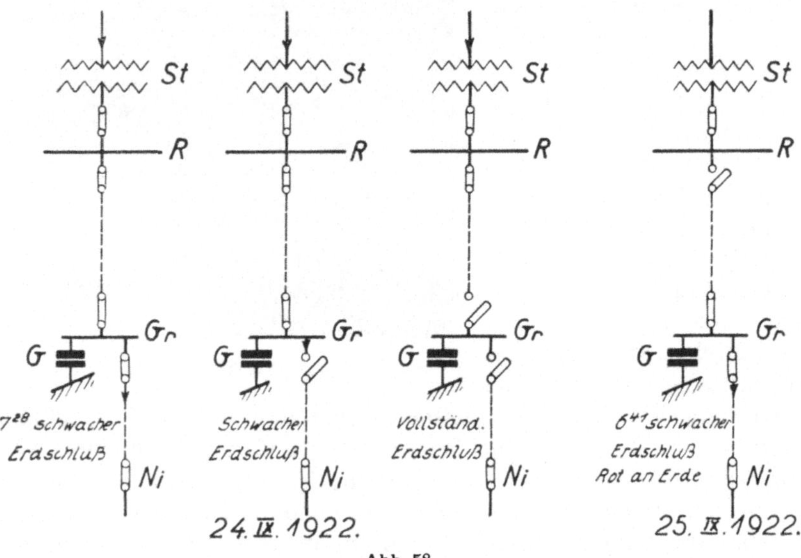

Abb. 58.

damit gleichzeitig die von dieser Strecke gespeiste Sammelschiene I, an welcher sich nur noch der G-Schutz und die Erdungsdrosselspule befanden, von Hand abgeschaltet. In diesem Augenblick bemerkte der Schaltwärter in der Station Strießen einen heftigen Stromstoß, der die sofortige selbsttätige Auslösung des dortigen Ölschalters zur Folge hatte. Beim Wiedereinschalten der Ölschalter in Strießen und Gröba war die Erde verschwunden und der Betrieb normal. Der Vorgang, wie er hier geschildert ist, dauerte etwa 3 Minuten.

Am Montag, dem 25. September vormittags 6^{41} zeigte Sammelschiene I, die aber diesmal vom Transformator in Gröba gespeist wurde, abermals Erde. Der G-Schutz zischte sehr stark. An den Amperemetern war kein Erdstrom zu bemerken. Mit der Schaltstange wurde festgestellt, daß Phase rot an Erde lag. Nach Abschaltung der Strecke Röderau von Hand war die Erde verschwunden, und bei Wiedereinschaltung die Leitung vollständig in Ordnung."

Der Vorfall vom 24. 9. zeigt folgendes: 1. Durch Abschalten der Leitung Nickritz war der Schluß nicht zu beseitigen. 2. Beim Abschalten der Sammelschienen von Gröba und des Glimmschutzes wurde der Erdschluß von der dämpfenden Wirkung des Glimmschutzes befreit und rief sofort einen Schaden hervor, der zur Ausschaltung des speisenden Ölschalters führte. Wahrscheinlich hatte es sich dabei um einen Fremdkörper in der Leitung gehandelt, z. B. einen Vogel oder ein hineingefallenes, schwach leitendes Material, Heu oder Holz, und durch den nach Abschaltung des Glimmschutzes entstandenen Stromstoß ist dieser Fremdkörper verschwunden, so daß beim Wiedereinschalten der Erdschluß verschwunden war.

Es ist kaum möglich, eine andere Erklärung für diesen Vorfall zu finden, so daß, falls nicht eine solche noch gegeben werden sollte, ein Beweis der Absaugewirkung und der Schutzwirkung damit erbracht wäre.

Der Vorfall am 25. 9. ist viel einfacher. Dort ist augenscheinlich ein Fremdkörper zwischen Erde und die rote Phase gekommen, welcher die Wellen hervorrief und nach Abschaltung der Leitung Röderau heruntergefallen ist, so daß beim Wiedereinschalten der Schaden beseitigt war.

Es sind hier nur einige Fälle aufgeführt, bei denen positive Tatsachen berichtet und Schlüsse daraus möglich gemacht wurden. Diejenigen Anlagen zu nennen, deren Leitungen ihre Zufriedenheit mit dem Schutz und seiner Wirkung ausgedrückt und Empfehlungen in Aussicht gestellt haben, dürfte im Rahmen dieser Abhandlung nicht erforderlich sein, es ist eine größere Anzahl.

Schlußfolgerungen.

Der in dieser Abhandlung beschriebene Glimmschutz stellt einen Kondensator mit veränderlicher, bei Überschreitung der Glimmgrenze stark ansteigender Kapazität dar. Er nimmt mit einer Überschreitung dieser Grenze einen Wattstrom auf, der um so intensiver ist, je höher die Spannung ansteigt, und der geeignet ist, die Front sekundärer, steiler Wellen erheblich abzuflachen.

Der Apparat hat gegenüber allen Schutzvorrichtungen mit Funkenstrecken den Vorteil, daß er keine leitende Verbindung zur Erde hervorruft, die das Nachfolgen eines Maschinenstromes bedingt und dessen Auslöschung erfordern würde. Dies ermöglicht geringe Rauminanspruchnahme und beseitigt sekundäre Zünderscheinungen, die mit Lichtbögen auch dann verbunden sind, wenn sie verhältnismäßig rasch, z. B. unter Öl, gelöscht werden.

Gegenüber Kondensatorschutzvorrichtungen ist der wesentliche Anteil des Wattstromes als Vorteil hervorzuheben, ferner die Entlastung des festen Dielektrikums in normalem Betriebe durch höhere Beanspruchung der Luft, damit die Erreichung einer wesentlich höheren, praktisch unbeschränkten Lebensdauer.

Erdschlußversuche in einem großen Netz zeigen die auf theoretischem Wege abgeleitete Aufnahme von Energiemengen, die für die Abflachung der Wellenstirn von Bedeutung sind, und Erfahrungen aus Betrieben in allen Teilen Deutschlands haben ausnahmslos befriedigende und zum großen Teil sehr günstige Ergebnisse gezeitigt.

Wenn man die Größenordnung der vom Glimmschutz abgeleiteten Energiemenge betrachtet, so kann leicht das Gefühl aufkommen, als ob sie zur Bekämpfung der Schäden nicht ausreichen dürfte. Es ist aber zu beachten, daß flache Wellen normaler Spannungshöhe an sich gar keine Bedeutung haben und keine Schäden hervorrufen können. Nur dadurch, daß infolge der steilen Stirn bei Reflexion der Wellen Spannungserhöhungen auftreten, die schwache Isolationen, im wesentlichen Umhüllungen einfacher Drähte, durchlöchern können, wird die Gefahr erzeugt; bei der hohen Frequenz ist die Zeitdauer jeder einzelnen Welle außerordentlich gering, so daß die Arbeit, die erforderlich ist, um die Stirn ein wenig abzuflachen, erst recht klein wird, und daraus läßt sich ermessen, daß mit geringen, am richtigen Punkt, nämlich gerade an der steilen Stirn der Welle, entzogenen Arbeitsmengen eine erhebliche praktische Wirkung erzielbar ist.

Man hat berechnet, wie große Ströme in Wellen hin und her fluten und ist dabei von der Potentialdifferenz eines von einer Wolke zur Erde schlagenden Blitzes ausgegangen, die man recht willkürlich auf Millionen Volt beziffert. — Einen unmittelbaren Blitzschlag wird der Glimmschutz ebensowenig wie irgendeine andere Überspannungsschutzvorrichtung abführen können; aber ein Einschlag in eine Freileitung hat immer Schäden zur Folge, die sich in engbegrenztem Raume abspielen (Zertrümmerung von Isolatoren, Zerspellen von Holzmasten, Schmelzen von Metallteilen usw.). Was durch die Leitungen weiterläuft und in die Stationen eindringen kann, sind Wellen der in diesem Buch behandelten Art, also sehr schnelle Schwingungen an sich geringer Arbeitsleistung; nur diese können von unseren Überspannungsvorrichtungen, welcher Art sie auch seien, abgeleitet werden.

Die eingewurzelte Anschauung, die auf dem Spiel des Hörnerableiters beruht, ist geeignet, Vorurteile bezüglich der Energie der Überspannungserscheinungen aufrecht zu erhalten, weil man sich durch die großen Lichtbögen, d. h. die in ihnen verzehrten Arbeiten, täuschen läßt. Diese stammen aber nicht aus der Überspannung, sondern aus dem Kraftspeicher des betreffenden Netzes und seinen Maschinen. Es handelt sich dabei um einen durch die Überspannungswellen geschaffenen leitenden Weg und den dort folgenden Maschinenstrom, der erst die großen Energiemengen bringt und dessen Vernichtung wieder große Hilfsmittel benötigt.

Der Glimmschutz hat den Vorzug, nur ein Ventil für die Überspannungswellen selbst bzw. für die schädliche Ecke an ihrer Stirn zu bilden, aber ein Nachfolgen des Maschinenstromes zu verhindern, und damit entfällt die Notwendigkeit, große Energiemengen zu unterbrechen. Die mitgeteilten Erfahrungen dürften diese Überlegungen hinreichend bestätigen.